Web Analytics
Consultant

ウェブ解析士認定試験公式テキスト2024（第15版） 対応

2024年版 ウェブ解析士認定試験公式問題集

ウェブ解析士協会カリキュラム委員会 著

インプレス

インプレス資格対策シリーズ 購入者限定特典

●出先で学べる Web アプリ

本書掲載の問題をいつでもどこでも学習できる Web アプリ問題集を提供しています。

特典は、以下の URL で提供しています。

URL：https://book.impress.co.jp/books/1123101069

※上記の Web ページにある赤色の「★特典」ボタンから、特典ページに進んでください。
※ダウンロードには、無料の読者会員システム「CLUB Impress」への登録が必要となります。
※本特典のご利用は、書籍をご購入いただいた方に限ります。
※特典の提供期間は、いずれも本書発売より 1 年間です。

インプレスの書籍ホームページ

書籍の新刊や正誤表など最新情報を随時更新しております。

https://book.impress.co.jp/

はじめに

　本書は、『ウェブ解析士認定試験公式テキスト 2024』（以降、公式テキスト 2024）に準拠した公式問題集です。公式テキスト 2024 をよく読んだうえで、ご自身の理解を確認するために活用してください。

　デジタルマーケティングは、ここ数年で「広告」「ソーシャル」「アクセス解析ツール」などの仕組みが年々進化しています。その目まぐるしいスピードに、実務で十分なパフォーマンスを発揮できない危機感や焦りを感じている方が、このウェブ解析士の資格取得を目指しているのではないでしょうか。

　ウェブ解析士協会は「実務に役立つ知識」を提供することに重点を置いています。

　昨今のデジタルマーケティング業界で、ウェブ解析士は 2 つの知識が求められると考えています。ひとつは、テクノロジーの進化によって変化する「先鋭的な知識」。もうひとつは、どんなにデジタルマーケティングのテクノロジーが進化しても変わらない「不変的（普遍的）な知識」。この業界では双方とも必要な知識で、どんなにテクノロジーが変化してもずっと使えるマインドだと、常に考えて私はデジタルマーケティングに従事しています。

　2024 年度のウェブ解析士協会のカリキュラムのひとつである問題集も、「先鋭的な知識」「普遍的な知識」を身に付けてほしい想いで作成してきました。

　2024 年度のウェブ解析士認定試験は、90 分の試験時間中に 50 問が出題され、すべて 4 択問題となります。単に用語を問う問題は廃止し、現状の課題から優先度を考慮して最も適切なものを選択する、より実践的で、実務をイメージできるようにリアリティのある問題になっています。また、計算問題も含まれるため、公式テキストと電卓（計算機能のみ）の持ち込みが可能です。

　現在、ウェブ解析士協会は、資格の認定だけでなく、さまざまな知見を持った方々の交流の場として、コミュニティ化が進んでいます。公式テキスト 2024 とこの問題集を通じて、あなたがそのコミュニティに参加される日を心待ちにしています。

2023 年 12 月

ウェブ解析士協会 カリキュラム部 ウェブ解析士カリキュラム委員長

馬場建至

試験について

●ウェブ解析士認定試験について（2023 年 12 月現在）

ウェブ解析士認定試験の概要は下記のとおりです。

* 1 つの正解を選ぶ 4 択問題が 50 問出題されます。
* 試験時間は 90 分で、パソコンで受験ができます。
* ウェブ解析士協会のホームページの「試験スケジュール」から申し込んでください。
* 公式テキスト 2024 および講座受講時の資料、自身の資料などは持ち込みが認められています。
* 試験中は計算機能のみの電卓が利用できます。また Google アナリティクス 4（GA4）の画面を見ることも許可されています。
* 試験はオンライン受験となります。任意の場所で受験してください。
* 試験結果の監査として、試験解答内容について、後日電話やメールなどで受験者に確認する場合があることに注意してください。
* ウェブ解析士認定試験の合格基準は非公開です。合否は試験終了後すぐに、パソコン画面上で確認できます。

●ウェブ解析士資格維持について

ウェブ解析士の資格維持要件の 1 つに、毎年行われるフォローアップテストに合格する必要があります。不合格でも何度も受験可能ですが、一度不合格になると一定期間再受験はできません。上級ウェブ解析士、ウェブ解析士マスターのフォローアップテストも同様です。

また、正会員の場合は資格の種別を問わず、年額 6,600 円（税込）の年会費をお支払い頂く必要があります。

正会員の特典として、希望者にウェブ解析士認定試験 公式テキストの配布（毎年 1 冊）と各種イベントの参加費割引、一部のセミナー動画の閲覧があります。

目次

基礎問題編

応用問題編

第1章

ウェブ解析と基本的な指標

公式テキストの第1章からは、ウェブ解析士としてデジタルマーケティングを実践していく上で最も大切な、日本のマーケティングの変遷、ウェブ解析の意義、基本的な指標、法律・ポリシーについて出題されます。

問 1-1

あなたは、とある企業のウェブサイトの管理者に抜擢されました。しかし、経験・知見が足りないため、インターネットの基礎から学習を開始しました。その過程でインターネットが社会に与える影響も学びました。インターネットが社会に与える影響を解説する文章として、最も適切なものを選びなさい。

1. Airbnb、Uber、Grab などユーザー自身が情報源となり、積極的にメディアを活用し共有する経済下では、ユーザーに感動体験を提供し、エンゲージメント（絆）を作ることが重要である。
2. インターネット普及後の世代は、その人の生まれた世代によって価値観に違いが生じており、世代別にジェネレーション X、ジェネレーション S、ジェネレーション Z に分ける定義がある。
3. アジア・アフリカでは、パソコンでの利用が前提のサービスが多くあるが、欧米では、スマートフォンでの利用が前提となるサービスが多く、ソーシャルメディア中心になっている。
4. 中国では、Google や Facebook、YouTube などのサービスはすべて利用できる。

Reference   公式テキスト参照

1-1-1　インターネットが社会に与える影響

問 1-1 の解答：1

　ホテルを持たない Airbnb が最大の宿泊業者になり、タクシーを 1 台も持たない Uber や Grab が旅客輸送業を一変させました。そして、このような状況をいち早く伝えたのは、マスメディアではなく、ソーシャルメディアなどのインターネットで実現したリアルタイムで行われる 1 対 1 のやりとりでした。

　このように、ユーザー自身が情報元となり積極的にメディアを活用し、共有する経済下において重要なのは、ユーザーに感動的なエクスペリエンス（感動体験）を提供し、エンゲージメント（絆）を作ることです。

　その他の選択肢が不適切な理由は以下のとおりです。

2. 「ジェネレーション S」という世代定義はありません。正しくは「ジェネレーション Y」です。
3. 「欧米」と「アジア・アフリカ」の説明が逆です。正しくは、欧米では、パソコンでの利用が前提のサービスが多くあり、アジア・アフリカでは、スマートフォンでの利用が前提となるサービスが多く、ソーシャルメディア中心になっています。
4. 中国では政府によって、情報やセキュリティの管理が厳格に行われているため、Google・Facebook・YouTube などの一部のサービスを利用できません。

問 1-2

あなたはイーコマースサイトの運営者です。サイトを継続的に利用してもらうために、商品購入から到着までのカスタマーサポート対応や包装などの改善・質の向上が必要ではないかと考えています。あなたが取り組むべきこととして、最も適切なものを選びなさい。

1. CX の向上
2. UX の向上
3. UI の改善
4. BCP への取り組み

Reference 公式テキスト参照

1-1-2 エクスペリエンスとエンゲージメントが価値を創造する

問 1-3

あなたは BtoB サービスの運営者です。サービスの継続率のアップや新規契約の増加を目指して CX の向上を図りたいと考えています。あなたが取り組むべきこととして、最も適切なものを選びなさい。

1. ウェブサイトにおける接点を改善し、申し込み方法を改善する。
2. 利用状況に応じてサポートメールの配信を強化し、解約率の低減を図る。
3. サービスで利用する UI を改善し、操作性を高める。
4. 販売担当や開発担当、サポート担当とコミュニケーションを図り、各施策の連携を強化してエンゲージメントの向上を図る。

Reference 公式テキスト参照

1-1-2 エクスペリエンスとエンゲージメントが価値を創造する

問 1-2 の解答：1

　CX とは、カスタマーエクスペリエンスの略で、顧客がイーコマースサイトを認知してから購入や利用までの一連の流れの中で得る体験を指します。この体験には包装や製品そのもの、カスタマーサポートなど、イーコマースサイト以外の顧客との接点も含まれます。

　その他の選択肢が不適切な理由は以下のとおりです。

2. UX とは、ユーザーエクスペリエンスの略で、ウェブサイトやアプリなど部分的な操作画面における、利用者としての体験を指します。

3. UI とは、ユーザーインターフェイスの略で、ユーザーがウェブサイトやアプリで情報をやりとりする接触面を指します。

4. BCP とは、企業が災害や事故で重大な被害を受け、事業継続が困難な状況に陥ったときを想定した事業継続計画のことをいいます。

問 1-3 の解答：4

　CX には購入前の検討段階から購入後の利用まですべての体験が含まれます。サービスの継続率のアップや新規契約の増加を目指して CX の向上を図るためには、各画面や各サービスの機能、利用前・利用後について別々に改善や改修を行うのではなく、各担当者と連帯感を持って行う必要があります。

　その他の選択肢が不適切な理由は以下のとおりです。

1. ウェブサイトにおける接点を改善するのは CX の向上につながりますが、最も適切な対策とはいえません。

2. 利用状況に応じてサポートメールの配信を強化するのは CX の向上につながりますが、最も適切な対策とはいえません。

3. サービスで利用する UI を改善し、操作性を高めるのは CX の向上につながりますが、最も適切な対策とはいえません。

問 1-4

あなたはクライアントに対してウェブ解析を実施しようとしています。選択肢の中で最も適切なものを選びなさい。

1. ウェブ解析の改善対象はウェブサイトのみを改善することである。
2. ウェブ解析は一度の解析で完結することが重要で、継続的に解析することは重要ではない。
3. ウェブ解析は事業の売上や受注率、商談率などの解析を行うことはない。
4. ウェブ解析はあらゆるデータをもとにユーザーを理解し事業の成果に貢献することである。

Reference 　　　　　　　　　　　　　　　　　　　　　　公式テキスト参照
1-2　ウェブ解析士の仕事

問 1-5

あなたはクライアントに対してウェブ解析を実施しようとしています。クライアントはテレビ CM や、ソーシャルメディアでの発信などを積極的に行っています。あなたが解析すべき範囲として最も適切なものを選びなさい。

1. アクセス解析はオンライン広告がメインなので、テレビ CM の影響は解析不要である。
2. ソーシャルメディアの投稿に対する反応はウェブ解析の範囲外である。
3. ウェブサイトに電話番号を掲載していないため、電話問い合わせの数や内容は対象外とする。
4. 市場や競合他社に関する調査データもウェブ解析の範囲として扱う。

Reference 　　　　　　　　　　　　　　　　　　　　　　公式テキスト参照
1-2-1　ウェブ解析の範囲

問 1-4 の解答：4

　ウェブ解析とは、アクセス解析を行うだけではなく、あらゆるデータをもとに、ユーザーを理解し事業の成果に貢献することです。

　その他の選択肢が不適切な理由は以下のとおりです。

1. ウェブサイトだけではなく、ビジネス全体の改善を行います。

2. 継続した解析のほうが重要です。PDCA サイクルを回し、アジャイルな改善を行います。

3. ビジネス解析として受注率、商談率も解析対象です。

　ビジネス解析の範囲は、そのビジネスモデルによってとるべき指標が変わってきますが、オフラインの取り組みだからといって、測定や改善の対象外とはなりません。オフラインの施策改善がオンラインよりも有効と判断される場合は、その施策提案や実行、改善まで行う必要があります。

問 1-5 の解答：4

　ウェブ解析の対象範囲には、ユーザーと接点のあるメディア・チャネル・タッチポイントでユーザーが発信する情報が含まれます。これらの情報には定量的または定性的な情報があります。また、ウェブ解析の事前準備として、環境分析が欠かせません。環境分析は、事業を取り巻く環境を分析することで、カスタマー分析・ベンチマーク分析・事業分析などがあります。その事業の置かれた環境と方向性を理解することも、ウェブ解析の重要な範囲です。環境分析の後で、ウェブ解析を行います。

　したがって、市場や競合他社に関する調査データもウェブ解析の範囲として扱います。

　その他の選択肢が不適切な理由は以下のとおりです。

1. アクセス解析はオンライン広告のみを対象とするわけではなく、あらゆるチャネルからのアクセスやテレビ CM の影響によるアクセス状況の変化もウェブ解析の範囲です。

2. ソーシャルメディアの投稿もウェブ解析の範囲です。

3. ウェブサイトに電話番号の記載がなくても、Google マップ等に記載されていたり、利用者が探して見つけていることもあります。

問 1-6

あなたはウェブ解析の重要性とウェブ解析士の資格を社内で啓蒙しようとしています。経営者・ウェブ担当者・デジタル関連サービス提供企業、それぞれの立場とウェブ解析との向き合い方について説明している次の文章のうち、最も適切なものを選びなさい。

1. 経営者がウェブに対して正しく向き合うことは難しく、リスクとなるのでマーケティング部門主体の組織を作る。
2. ウェブ担当者の多くは、多忙な業務や社内のウェブへの無理解のために時間や機会を奪われ、十分な活躍ができないので、できる限りコストをかけないように行動する。
3. ウェブ担当者の業務範囲は、自社のウェブサイトだけにとどまらず、SNS など含めメディア全体を俯瞰して、ウェブの活用の戦略立案をする必要がある。
4. デジタル関連サービス提供企業は低コスト化と多様化に直面しているが、制作コストは人月計算が主流であるため、できる限り見積計上の正確性に注力する。

Reference 公式テキスト参照

1-2-2 ウェブ解析士が解決する課題

問 1-6 の解答：3

　　ウェブ担当者の業務範囲は自社のウェブサイトだけにとどまりません。今では、ウェブに携わらない関係者もデジタルマーケティングを業務に活用できるように積極的に取り組む必要があり、ウェブ担当者がリーダーシップを発揮して、事業の成果につながる環境を構築しなくてはなりません。

　　その他の選択肢が不適切な理由は以下のとおりです。

1. 経営者は、自らがウェブの活用戦略を立てるようにする必要があります。

2. ウェブ担当者は、コストを投資と捉え、収益や恩恵に対する説明責任を持ちます。

4. 人月計算などの常識にとらわれず、成果報酬型などの仕組み作りも必要です。

問 1-7

あなたはウェブ解析士の資格を取得し、早速、業務に活かそうと活動を開始するところです。組織内でウェブ解析を浸透させたいと思っているあなたがとるべき行動として最も適切なものを選びなさい。

1. データが好きな特定の人にだけウェブ解析の魅力を根気よく伝え続ける
2. データに日常的に触れるための環境整備
3. ウェブの改善活動は自分ひとりで実行できるので、その旨を組織内に周知する
4. 効果のあった事例だけを広めるための活動

Reference 　　　　　　　　　　　　　　　　　　　　　　公式テキスト参照
1-2-4 　ウェブ解析士の活動

問 1-8

あなたは海外へもサービス展開している企業のウェブ担当者です。ウェブサイトのプライバシー保護法対応として、最も適切なものを選びなさい。

1. 日本の法律も海外の法律もほぼ同じなので、日本の法律だけ遵守していれば問題ない。
2. 欧州での「EU 一般データ保護規則（GDPR）」に違反した場合は、高額の制裁金が科せられている。
3. EU 域内にもサービス提供しているが、本社が日本なので「EU 一般データ保護規則（GDPR）」に対しては、何も対策しなくてよい。
4. 2022 年 4 月に全面施行された日本の改正個人情報保護法において、「個人関連情報」には Cookie は含まれない。

Reference 　　　　　　　　　　　　　　　　　　　　　　公式テキスト参照
1-2-6 　ウェブサイトのプライバシー保護法対応

問 1-7 の解答：2

　日常的にデータに触れることが、社内の理解促進に重要です。その方法として、定期的なデータの共有があります。例えば、解析ツールのレポートや数値を、組織内で毎日自動的にメール配信したり、月次のレポートを共有したりするなどです。
　その他の選択肢が不適切な理由は以下のとおりです。

1. 数値をもとに改善を実現するためには、特定の人だけではなく組織内に解析が浸透し、組織全体として実行することが重要です。
3. ウェブの改善活動は、個人で行うものではありません。数値をもとに改善を実現するためには、組織内に解析が浸透し、全体として実行することが重要です。
4. 成功した場合だけではなく、期待どおりにならなかった結果から得られた気付きも重要な情報です。たとえ失敗であっても、同じ失敗を繰り返さないための学びとなります。「成功・失敗を問わず、取り組んだ施策を共有する」ことが大切です。

問 1-8 の解答：2

　GDPR は、違反した場合に高額な制裁金を科されますが、それだけでなく、クラスアクション（集団訴訟のこと）によって損害賠償を請求され、制裁金以上に高い代償を求められるケースも考えられます。
　その他の選択肢が不適切な理由は以下のとおりです。

1. 日本の法律と海外の法律は同じではありません。
3. EU 域内に拠点・本社を持たない場合であっても、EU 域内に商品またはサービスを提供する場合には GDPR が適用されます。
4. 「個人関連情報」には Cookie が含まれます。

問 1-9

あなたはウェブ解析士の資格を取得しました。ウェブ解析の業務をしていく上で守るべきモラルとして最も適切なものを選びなさい。

1. プライバシーに関わる情報を個人が許可しなくとも他人は利用することができる。
2. クライアントがステルスマーケティングを行っている場合、関係値によっては手を貸しても問題ない。
3. クライアントに利益をもたらすことを目的としてユーザーを欺く行為をしてはならない。
4. ユーザーにメリットがなく、満足度を向上させることができない施策だとしても、事業の成果に貢献できるなら、その施策は実施すべきである。

Reference 　　　　　　　　　　　　　　　　　　　　　公式テキスト参照

1-2-7　ウェブ解析士が守るべきモラル

問 1-9 の解答：3

　ウェブ解析士は法律で定められた資格ではありませんが、プロフェッショナルとしてモラルを持って行動する必要があります。ウェブ解析士は事業の成果に貢献することが役割ですが、ユーザーを欺く行為をして成果を出すことは行ってはいけません。
　その他の選択肢が不適切な理由は以下のとおりです。

1. 個人は自分のプライバシーに関わる情報を許可なく他人に利用させない権利を持っています。他者が個人情報を利用するときは、その利用範囲や利用目的を定めることが、法律で義務付けられています。
2. クライアントの関係値がいかなる状況であっても、ユーザーを欺くステルスマーケティングに手を貸してはいけません。
4. ウェブ解析士は事業の成果に貢献することが役割ですが、ユーザーにメリットがなく、満足度を向上させるものではない施策は行うべきではありません。企業とユーザーとの良好な関係を築くように努めましょう。

問 1-10

ウェブ解析士のあなたは、クライアントと契約を締結しようとしています。すでにクライアントからは個人情報の扱いに関する相談もいただいています。クライアントとの契約に関する内容と、個人情報の保護に関する法律に関して、最も適切なものを選びなさい。

1. ウェブ解析士がクライアントと締結する請負契約に不適合があった場合、クライアントは報酬減額請求はできない。

2. ウェブ解析士がクライアントと締結する契約では、仕事の完成を報酬請求の条件とする請負契約の締結が民法改正により可能になった。

3. 個人情報とは、生存している個人に関する情報で、①氏名、生年月日などにより、特定の個人を識別することができるものと、②個人関連情報がある。

4. 個人情報保護法では、購買履歴とアクセス解析データを紐づけて広告配信する場合、本人に取得、利用、目的について同意を得なくてもよいとされている。

Reference　　　　　　　　　　　　　　　　　　　　　公式テキスト参照

1-2-5 ウェブ解析士の行動規範と法律

　2020 年 6 月に成立し、2022 年 4 月に全面施行された改正個人情報保護法では、「個人関連情報」という概念が導入されました。「生存する個人に関連する情報であって、それだけでは個人を特定できないものの、個人情報と紐づけたり、第三者に提供したりすると個人情報として利用できる情報」を指します。

　Cookie などがこれに当てはまり、これを外部企業に提供することで紐づけられ個人情報となる場合、個人情報と同等の扱いとなり、「本人の同意などが得られていることを確認しないで、当該個人関連情報を提供してはならない」とされています。

　その他の選択肢が不適切な理由は以下のとおりです。

1. 請負契約に不適合があった場合、クライアントは報酬減額請求が可能になりました。
2. 民法改正により仕事の完成を報酬請求の条件とすることが可能になったのは、準委任契約です。
4. 購買履歴も個人関連情報に該当します。個人情報保護法では、購買履歴など個人関連情報とアクセス解析データを紐づけて広告配信する場合、個人情報と同等の扱いとなり、「速やかに本人に取得、利用、目的について同意を得なければならない」とされています。

問 1-11

あなたは顧客へウェブ解析の解説をしています。ツールは GA4 を利用しています。顧客への解説として最も適切なものを選びなさい。

1. エンゲージメント率が高かったので、10 秒以上滞在する人が少ないと判断しコンテンツを見直すようアドバイスした。
2. セッション数に対しユーザー数が少なかったため、リピーターが少ないと判断し、新規獲得よりもリピート促進を重視するようアドバイスした。
3. サイト単位の平均エンゲージメント時間が長かったので、ユーザーが興味深く見ていると考え、サイトの更新に力を入れるようアドバイスした。
4. あるページで直帰率より離脱率のほうが高かったため、流入対策の見直しをアドバイスした。

Reference　　　　　　　　　　　　　　　　　　　　　　　　公式テキスト参照

1-4-2　オウンドメディアに関する指標

問 1-11 の解答：3

　サイト単位の平均エンゲージメント時間が長いということは、サイトを興味深く見ている可能性が高く正解です。

　その他の選択肢が不適切な理由は以下のとおりです。

1. エンゲージメントには「10 秒以上継続したセッション、コンバージョンイベントが発生したセッション、または 2 回以上のスクリーンビューやページビューが発生したセッションの回数」が含まれます。エンゲージメント率が高いということは 10 秒以上滞在した人が多い可能性が高く、少ないとはいえません。
2. セッション数に対してユーザー数が少ないということは、リピーターが多いと考えるべきでしょう。そのため、新規獲得を行いユーザー数を増やすほうが大事な場合が多いと考えられます。
4. 直帰率と離脱率は計測の目的が異なるため、比較して多い・少ないにより判断することは適切ではありませんが、直帰率より離脱率が高いということは他のページから遷移してそのページで離脱した人が多いと考えられるため、流入対策は関係ありません。

問 1-12

あなたは女性向けウェブメディアの運営管理者です。GA4 のデータだと、ウェブメディアはモバイル利用者が 90% 以上、そのうち、iOS が 70% 以上でした。毎月、ユーザー数の傾向をモニタリングしていたところ、全体のユーザー数に大きな変動はありませんが、徐々に新規ユーザー数の割合が増えてきていることに気づきました。この理由として以下の選択肢の中で最も高い可能性のものを選びなさい。なお、この期間中、新規ユーザー獲得のための施策は実施していません。

1. Dynamic Search Ads（DSA）の影響
2. Intelligent Tracking Prevention（ITP）の影響
3. Enhanced Tracking Protection（ETP）の影響
4. Core Web Vitals の影響

Reference　　　　　　　　　　　　　　　　　　　　公式テキスト参照

1-3-2　IP アドレスと Cookie

問 1-12 の解答：2

　Intelligent Tracking Prevention（ITP）は Apple が iOS や macOS のブラウザに適用しているプライバシー保護機能で、ファーストパーティ Cookie およびサードパーティ Cookie の活用を制限する技術です。ファーストパーティ Cookie に関しては有効期限が基本 7 日間と制限されています。GA4 では、例えば、ITP 対象のブラウザで 4 月 1 日にウェブサイトに訪問した A さんが、4 月 10 日に再訪問した場合は、新規ユーザー扱いとなります。問題文のケースにおいて、モバイルが 90% 以上、かつ、iOS が 70% 以上のため、選択肢の中では **2.** が最も可能性が高いです。

　その他の選択肢が不適切な理由は以下のとおりです。

1. Dynamic Search Ads は、Google が提供する検索連動型広告の機能の 1 つで、動的検索広告と呼ばれています。問題文のケースでは新規ユーザー獲得の施策は実施していないため、不適切となります。

3. Enhanced Tracking Protection は、ブラウザの「Firefox」に搭載されている強化型トラッキング防止機能のことです。問題文のケースでは Firefox に言及していないため、不適切となります。

4. Core Web Vitals は、Google 検索結果のランキング決定要因の 1 つです。問題文のケースでは全体のユーザー数に大きな変動はないため、ランキングが上がってオーガニック検索からの流入が増えたという可能性は低いです。したがって、不適切となります。

問 1-13

あなたはアクセス解析ツールを使って、「ページ A を見たユーザー」と「ページ B を見たユーザー」を比較しようとしています。このとき、使うべき手法として最も適切なものを選びなさい。

1. ディメンション
2. 指標
3. セグメント
4. フィルタ

Reference 公式テキスト参照

1-4-1　解析に必要な 4 つの視点

問 1-14

あなたが担当している広告の運用結果が、広告費用：100 万円、売上：80 万円でした。上司に説明する内容として最も適切なものを選びなさい。

1. CPM が 100% 以上であり、広告は成功した。
2. ROAS が 100% 以下であり、広告の結果としては芳しくなかった。
3. CPA が 100% 以上であり、広告は成功した。
4. CTR が 100% 以下であり、広告の結果としては芳しくなかった。

Reference 公式テキスト参照

1-4-3　ペイドメディアに関する指標

問 1-13 の解答：3

セグメントは、データとして記録されるユーザーの行動を、特定の条件で絞り込む機能で、絞り込んだ状態ごとに比較することができます。

その他の選択肢が不適切な理由は以下のとおりです。

1. ディメンションは、データの項目です。例えば、性別・日別・ページ別・流入元別などを指します。
2. 指標は、ページビュー数・直帰率・滞在時間といった数値や合計・平均・割合など、項目を判断したり評価したりするための指針となる数値を指します。
4. フィルタは、特定の条件に合致するデータを含めたり、除外したりして集計するための絞り込み機能です。例えば、「特定のフォルダ以下のみのページ別アクセス数を見る」などです。

問 1-14 の解答：2

「ROAS」は、広告の費用対効果を表す指標の 1 つで、「広告出稿によって、どれだけ売上が伸びたのか」を表します。「（売上÷広告費）× 100」で算出し、100％ を下回った場合は、売上によって広告費用をまかなえなかったことになります。

その他の選択肢が不適切な理由は以下のとおりです。

1. CPM は、広告掲載料金の単位の 1 つで、インプレッション 1,000 回あたりの料金を表します。広告費用と売上の情報だけでは算出できません。
3. CPA は、コンバージョンなど商品購入や会員登録などの利益につながる成果を 1 件獲得するのに費やすコストです。広告費用と売上の情報だけでは算出できません。
4. CTR は、広告が表示された回数のうち、広告がクリックされた回数の割合です。広告費用と売上の情報だけでは算出できません。

問 1-15

あなたが勤める企業は、ソーシャルメディアアカウントの運用代行サービスを提供しています。ご契約中のクライアントから「先週の投稿は何人の人に届いていたの？」と質問されました。クライアントに伝えるべき指標として最も適切なものを選びなさい。

1. シェア数
2. リーチ数
3. クリック数
4. エンゲージメント数

Reference 公式テキスト参照

1-4-4 ソーシャルメディアに関する指標

問 1-16

あなたはマーケティング部門に配属された新入社員です。先輩から、「メールでの販促活動は、あらかじめメール送信に同意を得た人・メールアドレスにしか送信してはいけない」と教えられました。本件に該当する法律として最も適切なものを選びなさい。

1. 不正アクセス禁止法
2. 景品表示法
3. 薬機法
4. 特定電子メール法

Reference 公式テキスト参照

1-2-5 ウェブ解析士の行動規範と法律

問 1-15 の解答：2

　リーチ数はソーシャルメディアの記事やアカウントを見た人の数です。つまり、投稿した記事が何人に表示されたかを表す指標です。計測はユーザー単位となります。
　その他の選択肢が不適切な理由は以下のとおりです。

1. シェア数は、ソーシャルメディアの記事やアカウントやウェブサイトにあるシェアボタンを使って、その内容を自身のタイムラインなどで紹介した数です。
3. クリック数は、ソーシャルメディアの記事やアカウントで紹介した、リンクをクリックした数です。
4. エンゲージメント数は、いいね！やクリックなど、ソーシャルメディア上でユーザーが反応した（「アクション」ともいう）数です。

問 1-16 の解答：4

　特定電子メール法（特定電子メールの送信の適正化等に関する法律）は、あらかじめ同意していた者に対してのみ、広告宣伝メールの送信が認められる「オプトイン方式」が義務付けられています。また、受信拒否をした者への再送信は禁止されています。
　その他の選択肢が不適切な理由は以下のとおりです。

1. 不正アクセス禁止法（不正アクセス行為の禁止等に関する法律）は、他人のパソコンを無断で操作したり、不正に侵入したりすることを抑止するための法律です。
2. 景品表示法は、商品を実際よりも良く見えるように表示（不当表示）したり、過大な景品類を提供（不当景品）したりする行為から消費者を保護することを目的とした法律です。
3. 薬機法（医薬品、医療機器等の品質、有効性及び安全性の確保等に関する法律）は、「医薬品」「医薬部外品」「化粧品」「医療機器及び再生医療等製品」の４種について、安全性と体への有効性を確保するための法律です。

問 1-17

あなたは、とある企業のマーケティング担当者です。インターネット広告を配信したところ、以下の結果となりました。申し込み 1 件あたりの獲得コストで見たとき、最も効率良く獲得できているものを選びなさい。

1. クリック数 10,000 件　申し込み獲得件数 300 件　売上 800,000 円　広告費 400,000 円
2. クリック数 20,000 件　申し込み獲得件数 200 件　売上 200,000 円　広告費 200,000 円
3. クリック数 100,000 件　申し込み獲得件数 500 件　売上 900,000 円　広告費 800,000 円
4. クリック数 80,000 件　申し込み獲得件数 600 件　売上 1,000,000 円　広告費 800,000 円

Reference　　　　　　　　　　　　　　　　　　　　公式テキスト参照

1-4-3　ペイドメディアに関する指標

問 1-18

あなたはモバイルアプリビジネスに従事しています。アプリの課金ユーザー 1 人あたりの平均購入額を算出しようとしています。このとき、使用する指標として最も適切なものを選びなさい。

1. MAU
2. 課金率
3. ARPU
4. ARPPU

Reference　　　　　　　　　　　　　　　　　　　　公式テキスト参照

1-4-5　モバイルアプリに関する指標

問 1-17 の解答：2

申し込み 1 件あたりの獲得コストは以下の計算式で求めます。

申し込み 1 件あたりの獲得コスト（CPA）＝広告費÷申し込み獲得件数

1. 400,000 円÷ 300 ＝ 1,333
2. 200,000 円÷ 200 ＝ 1,000
3. 800,000 円÷ 500 ＝ 1,600
4. 800,000 円÷ 600 ＝ 1,333

獲得コストは低いほうが効率良く獲得できていると判断するので、最も効率良く獲得できているのは、**2.** となります。

問 1-18 の解答：4

ARPPU（Average Revenue Per Paid User）が、課金ユーザー 1 人あたりの平均購入額で、下記の計算式で求めます。

ARPPU（円）＝収益÷課金ユーザー数

その他の選択肢が不適切な理由は以下のとおりです。

1. MAU（Monthly Active Users）は、月間のアクティブユーザーのことです。
2. 課金率は、アクティブユーザーに占める課金した人の割合です。課金率（%）＝課金人数÷アクティブユーザー数× 100。
3. ARPU（Average Revenue Per User）は、アクティブユーザー（課金ユーザーと非課金ユーザーの合計）の平均購入額です。ARPU（円）＝収益÷全ユーザー数。

第2章

事業戦略とマーケティング解析

公式テキストの第2章からは、環境分析としてユーザー分析、市場分析、競合分析、自社分析と新しい製品・サービスの展開方法や、マーケティング解析ツールについて出題されます。

問 2-1

あなたは、ウェブ解析に関わるフレームワークを勉強中です。フレームワークを使う目的として最も適切なものを選びなさい。

1. 考えるべきことが整理でき、効率的に課題や解決策を発見できるから。
2. 関係者に共有する必要がないため、自分の中での整理術として有効な手法だから。
3. フレームワークを使って簡易的に事象を整理するだけで十分な成果を得ることができるから。
4. ウェブ解析に必要なフレームワークでの分析は外部環境のみなので、すぐに実行できるから。

Reference 公式テキスト参照

2-1-1 ビジネスフレームワークと対象事業の特定

問 2-1 の解答：1

　フレームワークは「枠組み」「骨組み」「構造」などの意味であり、活用することで効率的に漏れなくダブりなく思考を整理することができます。
　その他の選択肢が不適切な理由は以下のとおりです。

2. フレームワークは関係者間の共通言語として有効です。認識のズレが生じない円滑なコミュニケーションのためにも、関係者と共有しましょう。
3. 簡易的に事象を当てはめたり、整理したりするだけでは、価値を創り出したとはいえません。ウェブ解析士として、事象を調べ、整理した上で、「そこから事業にとってどんな影響があるのか？」「何をすれば成果が得られるのか？」などの解釈を示すことが必要です。
4. 必要な分析は外部環境だけではなく、内部環境も必要です。

問 2-2

あなたは、新規事業開発に従事しています。戦略策定に向けて環境分析をしようとしています。フレームワークの使い方として最も適切なものを選びなさい。

1. クロス SWOT 分析で、ターゲット・ポジショニングを整理する。

2. STP 分析で、顧客・競合・自社の状況を整理する。

3. 5 フォース分析で、社会情勢や政治的要因も含めて整理する。

4. 4C 分析で、ユーザーが得る価値・ユーザーの負担コストなどユーザー視点で市場への展開を考えて整理する。

Reference　　　　　　　　　　　　　　　　　　　　　　公式テキスト参照

2-1　環境分析と戦略立案

問 2-3

あなたはマーケティング担当として自社事業における市場の検索ニーズを把握したいと考えています。あなたが選ぶべきツールとして最も適切なものを選びなさい。

1. Google Search Console

2. Google トレンド

3. Pingdom

4. Internet Archive

Reference　　　　　　　　　　　　　　　　　　　　　　公式テキスト参照

2-3-2　ベンチマーキングのための情報ソースやツール

問 2-2 の解答：4

4C 分析は、ユーザー側の視点から「ユーザーが得る価値 (Customer Value)」「ユーザーの負担コスト (Cost to the Customer)」「ユーザーにとっての利便性 (Convenience)」「ユーザーとのコミュニケーション（Communication)」で分析するフレームワークです。

その他の選択肢が不適切な理由は以下のとおりです。

1. クロス SWOT 分析は、SWOT 分析を応用したもので、強み・弱みと機会・脅威を掛け合わせて 4 つに区分して戦略を見いだす方法です。
2. STP 分析は、市場の全体像を把握して細分化し、ターゲットユーザーがいる狙うべき市場を定め、そのユーザーから見た独自性のあるポジションを明確にする方法です。
3. 5 フォース分析は、事業の競争環境を分析するためのフレームワークで、市場における「競合他社」「買い手」「売り手」「代替品」「新規参入」のそれぞれの力が影響する度合いを分析する方法です。

問 2-3 の解答：2

Google トレンドは、指定した検索ワードが、過去、どれくらい、どの地域から検索されているかを相対的に把握できるツールです。

検索ニーズの変化を把握することで、新たな気付きが得られ、仮説立案や施策を実施する際にも有用です。

その他の選択肢が不適切な理由は以下のとおりです。

1. Google Search Console は、自社サイトの検索エンジンのインデックスの状況やエラーの場所を発見するために用いられます。
3. Pingdom は、ウェブサイトの表示速度のパフォーマンスを調査してくれるサービスです。応答時間やファイルサイズのほかにも、各ファイルのリクエスト応答速度も細かくレポートしてくれます。
4. Internet Archive は、ウェブサイトの履歴をアーカイブして保存しているサービスです。URL を入力すると、更新頻度とその内容を確認できます。

問 2-4

あなたは新規事業開発プロジェクトに参加しています。今回は全く自社でも経験のない国への越境 EC 事業になる予定です。社内で事業戦略を決定する上で、上長へ事業環境分析結果の提出をする予定です。あなたが最初に行う分析として、最も適切なフレームワークを選びなさい。

1. STP 分析
2. 4C 分析
3. PEST 分析
4. SWOT 分析

Reference　　　　　　　　　　　　　　　　　　　公式テキスト参照
2-1 環境分析と戦略立案

問 2-5

あなたはコンサルタントとしてクライアントの企業に対して PEST 分析を行おうとしています。要因と分析項目の整理として最も適切なものを選びなさい。

1. 消費税増税は、経済的要因として整理される。
2. 高齢化は、社会的要因として整理される。
3. 新技術の特許は、政治的要因として整理される。
4. 政府や自治体のテレワーク推進は、技術的要因として整理される。

Reference　　　　　　　　　　　　　　　　　　　公式テキスト参照
2-1-2 外部環境分析

問 2-4 の解答：3

　業界や事業を取り巻く外部的な要素を分析するために役立つフレームワークがPEST
分析です。PEST分析は、法規制や税制などの「政治的要因（Politics）」、景気や為替
などの「経済的要因（Economy）」、人口動態や生活者のライフスタイルの変化などの「社
会的要因（Society）」、特許や新技術開発などの「技術的要因（Technology）」の4
つの項目から整理します。

　その他の選択肢が不適切な理由は以下のとおりです。

1. STP分析は、「セグメンテーション」「ターゲティング」「ポジショニング」の英語
   表記の頭文字をとった名称で、市場の全体像を把握して細分化し、ターゲットユー
   ザーがいる狙うべき市場を定め、そのユーザーから見た独自性のあるポジションを
   明確にするフレームワークです。
2. 4C分析は、製品・サービスを「ユーザーが得る価値」「ユーザーの負担コスト」「ユー
   ザーにとっての利便性」「ユーザーとのコミュニケーション」の4つに整理し、ユー
   ザー視点で分析するフレームワークです。
4. SWOT分析は、「強み（Strengths）」「弱み（Weaknesses）」「機会（Opportunities）」
   「脅威（Threats）」の頭文字をとった名称で、内部要因と外部要因を整理するフレー
   ムワークです。

問 2-5 の解答：2

　PEST分析において、人口動態や生活者のライフスタイルの変化は「社会的要因」
として整理されます。

　その他の選択肢が不適切な理由は以下のとおりです。

1. 法規制や税制は、政治的要因に整理されます。
3. 特許や新技術開発は、技術的要因に整理されます。
4. 政府、自治体の施策は、政治的要因に整理されます。

　これ以外に、景気や為替などによる「経済的要因」があり、これらの英語の頭文字
をとって「PEST分析」と呼ばれています。網羅的に行おうとすると膨大な情報量と
なるため、対象となる事業に深く関係した事象だけにフォーカスして分析を行うこと
がポイントです。

問 2-6

あなたは消費者を理解するためにエスノグラフィ調査を計画しています。エスノグラフィ調査の説明として最も適切なものを選びなさい。

1. エスノグラフィ調査とは、生活者の隠れたニーズや課題、調査対象者自身も気づいていないインサイトを発見するために使われる。
2. エスノグラフィ調査のメリットは、コストが安価で済む、時間がかからないことである。
3. 訪問観察調査は、調査対象者に一定期間の日記をつけてもらい、どのような生活の流れの中で特定の行動が起こるのかを読み解く調査方法である。
4. 購買調査は、調査対象者に特定のテーマを与え、テーマについて考えたこと、やったこと、気づいたこと、発見したことなどの写真を集めてもらう手法である。

Reference 公式テキスト参照
2-1-6 サイトのユーザー分析

問 2-7

あなたは、とある企業で売上が落ち込んでいるサービスの再建に携わることになりました。まずは現在の事業を整理するために、3C 分析を使うことにしました。3C 分析で分析を進める上で、最も適切なものを選びなさい。

1. 最初に自社を分析してしまうと、自分の会社基準で顧客調査や競合調査を行ってしまうので、まずは顧客を分析するのがよい。
2. 顧客は、年齢、住まい、年収などのデモグラフィック情報のみで分析する。
3. 顧客と競合を分析した結果、自社ができていないことは今すぐに着手する。
4. 競合の分析は、直接的な市場の競合のみを対象とする。

Reference 公式テキスト参照
2-1-3 事業分析

問 2-6 の解答：1

　デプスインタビューやグループインタビューなどのほかの定性調査手法では、リサーチャーが調査の前に仮説を設定して調査を設計しますが、エスノグラフィ調査では事前の仮説設定はせずに、生活者の行動を観察することで新たな仮説やインサイトを発見することを目的とします。

　その他の選択肢が不適切な理由は以下のとおりです。

2. 正しくは「エスノグラフィ調査のデメリットは、コストが大きくなりやすく、時間がかかること」です。

3. 調査対象者に一定期間の日記をつけてもらい、どのような生活の流れの中で特定の行動が起こるのかを読み解く調査方法は、日記調査と呼びます。

4. 調査対象者に特定のテーマを与え、テーマについて考えたこと、やったこと、気づいたこと、発見したことなどの写真を集めてもらう手法は、フォトハンティングと呼びます。

問 2-7 の解答：1

　「3C」とは、分析の際に注目する「顧客（Customer）」「競合（Competitor）」「自社（Corporation）」という 3 つの要素の頭文字です。

　3C 分析では、最初に自社を対象にすると、それを基準として顧客調査や競合調査を行ってしまうので、まずは顧客から分析を行います。

　その他の選択肢が不適切な理由は以下のとおりです。

2. 顧客は、住所や年齢、年収などの「デモグラフィック情報」と、どのような状況や心理で行動するかといった「サイコグラフィック情報」を合わせて分析します。

3. 自社の強みや独自性なども鑑みた上で、とるべき戦略を選択します。

4. 競合分析では、直接競合だけではなく、間接競合も分析します。ただし、競合は捉え方によって対象が変わってきます。

問 2-8

あなたは自社の内部要因・外部要因を整理するために SWOT 分析をしようとしています。自社における事業の成長の障害となる外部要因を整理するとき、次のどこに分類されるのか、最も適切なものを選びなさい。

1. 強み
2. 弱み
3. 機会
4. 脅威

Reference 公式テキスト参照

2-1-5　市場機会の発見

問 2-9

あなたは新規サービスを市場へ展開していくにあたり、4C 分析を用いて分類・分析しようとしています。選択肢の中で 4C 分析として最も適切なものを選びなさい。

1. ユーザーが得る価値は、金銭に限らず、時間的、心理的コストが含まれる。
2. ユーザーにとっての利便性は、コストに対して得られるバリューが高いか低いかで判断する。
3. ユーザーとのコミュニケーションは、日頃のユーザーとの接点を分析し、事業とのタッチポイントの機会を見つける。
4. ユーザーが負担するコストには、製品やサービスの購入しやすさや使いやすさが含まれる。

Reference 公式テキスト参照

2-1-7　マーケティングミックス

問 2-8 の解答 : 4

　自社における事業の成長の障害となる外部要因は、脅威（Threats）に分類されます。自社の強みを打ち消す危険性や、弱みが深刻になる環境の変化などが該当します。

　その他の選択肢が不適切な理由は以下のとおりです。

1. 強み（Strengths）は、競合に対して差別化でき、ユーザーのニーズを満たせる、自社が持つ内部要因を指します。
2. 弱み（Weaknesses）は、自社が競合に対して劣っていて、ユーザーのニーズを満たせない内部要因を指します。
3. 機会（Opportunities）は、自社における事業の成長の機会と考えられる外部要因を指します。

問 2-9 の解答 : 3

　4C 分析とは、「ユーザーが得る価値」「ユーザーの負担コスト」「ユーザーにとっての利便性」「ユーザーとのコミュニケーション」で分析するフレームワークです。ユーザーが日頃、どこから情報を得ているのか分析し、事業とのタッチポイント機会を見つけるのは、ユーザーとのコミュニケーションに分類されます。

　その他の選択肢が不適切な理由は以下のとおりです。

1. ユーザーが得る価値は、製品サービスの機能などからユーザーが得られる価値が該当します。
2. ユーザーにとっての利便性は、製品・サービスの決済や配送の利便性などが該当します。
4. ユーザーが負担するコストには、金銭に限らず、時間的や心理的コストが該当します。

問 2-10

あなたはマーケティングを考えるためにペルソナの作成を行う予定です。ペルソナの説明として最も適切なものを選びなさい。

1. ペルソナは理想ユーザー像を定めるものなので、原則 1 つにするべきである。
2. ペルソナは事業の根幹を担うものなので、一度決めたら見直しはしないほうがよい。
3. ペルソナは実際には存在しないユーザーなので、年齢・家族構成などを細かく定め、自社サービスとの関係は定めないほうがよい。
4. ペルソナを作成した結果、ユーザー像がより明確になることは大切なことである。

Reference 公式テキスト参照

2-1-4 ユーザー分析と体験設計

問 2-11

あなたは事業戦略を考える過程で、売り手の視点・モノ中心の考え方に加えて、顧客の視点・コト中心の考え方「サービス・ドミナント・ロジック」が重要であることに気づきました。サービス・ドミナント・ロジックに関して最も適切な文章を選びなさい。

1. サービス・ドミナント・ロジックは「コト中心のマーケティング」と考えられている。
2. サービス・ドミナント・ロジックは、主にサービス業で役に立つ概念である。
3. ドリルを購入する顧客は、ドリルの性能に興味がある。
4. 価値を決めるのは企業である。

Reference 公式テキスト参照

2-2-2 サービス・ドミナント・ロジック

問 2-10 の解答：4

　ペルソナを作成することによって、ユーザー像がより明確化されてプロジェクト関係者間で共有しやすくなり、ユーザーへの理解が容易になります。

　その他の選択肢が不適切な理由は以下のとおりです。

1. 商品やサービスの内容、目的によっては複数のペルソナを作る場合があり、1つに絞る必要はありません。
2. ペルソナを定め事業を進める中で、想定ユーザーが変わることもあるため、必要に応じて見直すことがあります。
3. 家族構成などの属性情報だけではなく、対象商品やサービスとの関係性を考えることは大切で、サービスへの意識や行動、情報接触の傾向などを具体的に設定することがあります。

問 2-11 の解答：1

　サービス・ドミナント・ロジックは、モノ中心の考え方ではなく、コト中心のマーケティングです。

　その他の選択肢が不適切な理由は以下のとおりです。

2. サービス・ドミナント・ロジックのサービスとは、サービス業だけを指しているのではなく、自らの知識やスキルを活用し、自分あるいは他者にとってのベネフィットを得るような行動を指します。
3. サービス・ドミナント・ロジックは、モノではなくコトを中心にビジネスを考えるため、「ドリルを購入した客は性能の良いドリルが欲しいのでなく、穴を開けたい」ということを意識しましょう。
4. 企業には、価値を提供することはできません。「提供する」とは、企業が価値を創り、決定しているという意味を含むからです。企業にできることは、価値を提案することです。結局のところ、価値を決める（創る）のは顧客です。

問 2-12

あなたは友人を誘い起業しました。大きな目標に向けて戦略・戦術を考えていますが、リソースが足りないため、自分が今持っている能力・人脈などの範囲で、まずは動き始めてみることにしました。この考え方をエフェクチュエーションの原則に当てはめたとき、最も適切な原則を選びなさい。

1. 手中の鳥（Bird in Hand）
2. 許容可能な損失（Affordable Loss）
3. クレイジーキルト（Crazy-Quilt）
4. レモネード（Lemonade）

Reference　　　　　　　　　　　　　　　　　　　　公式テキスト参照
2-2-1 エフェクチュエーション

問 2-13

あなたは自社の業績、競合他社や市場の動向を調査し、評価しました。仮定の調査結果と自社に対する評価コメントの組み合わせが最も適切なものを選びなさい。

1. 売上が目標に達しておらず、かつ、前年と比較して減少していた。相対評価としては、芳しくない。
2. 競合他社を分析したら業績は不調なようだ。絶対評価としては、芳しくない。
3. 自社の業績は悪化しているが、競合も含め市場全体が大幅に縮小している。相対評価としては、よく持ちこたえた。
4. 自社と競合他社を比較したところ、競合他社は業績が好調なようだ。絶対評価としては、良い傾向である。

Reference　　　　　　　　　　　　　　　　　　　　公式テキスト参照
2-3-1 絶対評価と相対評価

問 2-12 の解答：1

　最終的に到達したい目標や手に入れたい目的を策定し、逆算的に手段を選んでいく方式が合理的ではありますが、実際に必要なリソースが最初からすべてそろっていることはまれなため、着手そのものが遅れてしまいます。エフェクチュエーションの原則「手中の鳥」では、「手持ちの手段」から行動を開始します。

　行動を起こした結果、起こす前には知らなかったことを知ることで、さらに行動が進み、さらに創造的になります。

　その他の選択肢が不適切な理由は以下のとおりです。

2. 許容可能な損失は、どこまでの損失なら許容できるかを基準に選択する原則です。

3. クレイジーキルトは、コミットする意思を持つすべての関与者と交渉する原則です。

4. レモネードは、不確実性や予期せぬ出来事をリソースととらえ、テコとして活用する原則です。

問 2-13 の解答：3

　評価する際、過去のデータや任意で決めた基準値と比較することを「絶対評価」、競合や異業種などと比較することを「相対評価」といいます。

　その他の選択肢が不適切な理由は以下のとおりです。

1. 自社の前年データと比較しているので、「相対評価」ではなく「絶対評価」です。

2. 競合他社を分析しているので、「絶対評価」ではなく「相対評価」です。

4. 競合他社は業績好調と判明していますが、自社に関しては触れていないため「絶対評価」として良い傾向か否かは、この結果だけでは判断できません。

問 2-14

あなたは飲食店のオーナーです。様々な形態のお店を経営し、利用者に対するメールマガジンの送付も行っています。新しいマーケティングの考え方を取り入れようと考えています。あなたが取り組むべきこととして、最も適切なものを選びなさい。

1. パーミッション・マーケティングの考え方を取り入れ、メールマガジンの配信許可を取るのと同時に、欲しい情報の種類も確認し、それに合わせて配信する内容を変えることとした。

2. サービス・マーケティングの考えを取り入れようとしたが、飲食店事業は有形であるため導入を見送った。

3. サービス・マーケティングにおいてサービスの提供者と消費者は協働関係にあることから、サービスの提供を一律化して、選択肢を絞ることで顧客の協働を促すことにした。

4. セルフサービスのお店もあったが、顧客に負担を強いるため廃止することにした。

Reference 公式テキスト参照

2-2 新しい事業戦略やマーケティングの概念

問 2-14 の解答：1

　パーミッション・マーケティングには「期待されている」「パーソナルである」「適切である」という 3 つの要素があります。メールマガジンを送る際にも相手が欲しい情報でなければ見てもらえなくなるため、「パーソナルである」に基づくのであれば欲しい情報を確認するべきでしょう。

　その他の選択肢が不適切な理由は以下のとおりです。

2. 飲食店においても店員の対応など無形性があるサービスはあるため、サービス・マーケティングは重要です。

3. 消費者の満足度を高めるために、サービスの提供者と消費者は協働関係にあり、この協働関係の構築がサービス・マーケティングにおいては重要な課題ですが、品質の変動性（異質性）も大事です。それぞれの顧客の要望に適切に対応することで満足度を高めることができます。そのため、選択肢を絞ることは有用でない場合があります。

4. お店や利用者により求める要素は異なります。サービス提供の速さを優先する利用者が多いことが想像されるお店でセルフサービスを廃止することは、有効でない場合があります。

問 2-15

あなたは、事業の競争環境を分析するために5フォース分析をしようとしています。5フォース分析の対象として最も適切なものを選びなさい。

1. 社会的要因
2. 買い手
3. ターゲティング
4. 手中の鳥

Reference　　　　　　　　　　　　　　　　　　　　　公式テキスト参照

2-1-2　外部環境分析

問 2-16

あなたはマーケティングを考えるためにカスタマージャーニーマップの作成を行う予定です。カスタマージャーニーマップの説明として最も適切なものを選びなさい。

1. カスタマージャーニーマップではペルソナをベースに、感情を書き出す。感情は原則気持ちを高めていく右肩上がりで表現する。
2. カスタマージャーニーマップは、ゴール・アクションなどは事業者視点で書き出し、気付きや解決策をユーザー視点でまとめていくことで、課題の把握につなげる。
3. カスタマージャーニーマップは外部環境分析の手法なので、内部環境分析より前に行うのがよい。
4. カスタマージャーニーマップとは、カスタマーの行動や体験を時間軸で表現したフレームワークであるため、商品を認知する前からの態度変容をまとめる。

Reference　　　　　　　　　　　　　　　　　　　　　公式テキスト参照

2-1-4　ユーザー分析と体験設計

問 2-15 の解答：2

　5フォースとは、市場における「競合他社」「買い手」「売り手」「代替品」「新規参入」のそれぞれの力が影響する度合いを分析するフレームワークです。この5つの力を分析し、業界の収益構造や競争要因を発見します。それぞれのプレイヤーに対して事業に有利な活動を行い、その力の大きさを弱めることが重要です。

　その他の選択肢が不適切な理由は以下のとおりです。

1. 社会的要因は、PEST分析で用いる分析項目です。

3. ターゲティングは、STP分析で用いる分析項目です。

4. 手中の鳥は、エフェクチュエーションで用いる行動原則です。

問 2-16 の解答：4

　カスタマージャーニーマップはユーザーが商品やサービスを認知して興味を持ち、検討後、購入・申し込みに到達するまでの行動・感覚・認識・思考・感情をペルソナをベースに書き出し、分析します。ユーザーの態度変容をステップ化し、そのステップごとにゴール・アクション・接点・想い・気付き・解決策を一覧にします。そのため、商品を認知する前も含まれます。

　その他の選択肢が不適切な理由は以下のとおりです。

1. カスタマージャーニーマップで描く感情は起伏があるため、右肩上がりではありません。

2. ゴール・アクション・接点・想いはユーザー視点とし、気付きや解決策は事業者視点から考えます。それにより、課題の把握につながります。

3. カスタマージャーニーマップは内部環境分析の手法です。

問 2-17

あなたはブルー・オーシャン戦略を進める上でフレームワークの「戦略キャンバス」で分析するところです。次のうち、戦略キャンバスの説明として最も適切なものを選びなさい。

1. 縦軸に「パイオニア（Pioneer）」「移行者（Migrator）」「安住者（Setter）」を、横軸に「現在」「将来」をとり、ブルー・オーシャンを創造できる製品・サービスを絞り込むフレームワーク
2. 購入していないユーザーを潜在的な市場として考え、それぞれの非顧客層の共通点を探るフレームワーク
3. 業界における競争要因を並べ、買い手にとっての価値の高さを明らかにするチャートを作成するフレームワーク
4. 市場の全体像を把握して細分化し、ターゲットユーザーがいる狙うべき市場を定め、そのユーザーから見た独自性のあるポジションを明確にするフレームワーク

Reference 公式テキスト参照

2-1-8 レッド・オーシャンとブルー・オーシャン

問 2-18

あなたは新規サービスの市場展開に向けて 4P 分析に着手しました。広告や PR の分析をする際、4P 分析では次のどこに分類されるのか、最も適切なものを選びなさい。

1. 製品（Product）
2. 価格（Price）
3. 流通（Place）
4. 販売促進（Promotion）

Reference 公式テキスト参照

2-1-7 マーケティングミックス

問 2-17 の解答：3

　ブルー・オーシャン戦略は、「未開拓のユーザーに新たな価値を提供することで、新しい市場（ブルー・オーシャン）を創造し、利潤の最大化を実現する」というものです。

　「戦略キャンバス」は競争要因を列挙して、自社と競合で買い手にとってスコアでの価値の高さや力の入れ具合を明らかにするチャートです。横軸には「顧客への提供価値としての業界の競争要因」、縦軸には「顧客がどの程度の価値レベルを享受しているか」（スコア）をとります。そして、高スコアであるほど、企業がその要因に力を入れていることを意味します。

　その他の選択肢が不適切な理由は以下のとおりです。

1. この説明は、ブルー・オーシャン戦略で使われるフレームワーク「PMS マップ」のものです。
2. この説明は、ブルー・オーシャン戦略で使われるフレームワーク「非顧客層 3 グループの分類」のものです。
4. この説明は、環境分析・他社との差別化を図る上で使われる「STP 分析」のものです。

問 2-18 の解答：4

　4P 分析において、広告、PR などは販売促進に該当します。広告は、どのようなメディアを組み合わせて活用しているか、伝えるべき情報がビジュアライズされているかを分析します。PR とは、商品やサービス提供者側が発信した情報をメディアに取り上げてもらうことです。

　その他の選択肢が不適切な理由は以下のとおりです。

1. 製品は、製品の特性を 3 つの要素（製品のコア、製品の形態、付随機能）から分析します。
2. 価格は、コスト、カスタマーバリュー、競合比較で分析します。
3. 流通は、販売する場所を選びます。

第3章

デジタル化戦略と計画立案

公式テキストの第3章からは、事業戦略に基づいた、デジタル化戦略の5つのモデルの展開方法と、それに基づいたKPI策定と計画立案について出題されます。

問 3-1

あなたの企業は、事業から得たノウハウをウェブサイトに公開し、コンテンツ化してユーザーに届けるモデルで事業展開しています。ページビュー数やMAUを重要視しており、広告媒体として収益化しています。このモデルとして最も適切なものを選びなさい。

1. メディアモデル
2. イーコマースモデル
3. リードジェネレーションモデル
4. サポートモデル

Reference　　　　　　　　　　　　　　　　　　　　　公式テキスト参照
3-1-1　MELSAモデル

問 3-1 の解答：1

　事業のデジタル化戦略を考える上で必要となる、メディアモデル、イーコマースモデル、リードジェネレーションモデル、サポートモデル、アクティブユーザーモデルの英語表記の頭文字をとったものを MELSA モデルといいます。

　問題文のケースはメディアモデルに該当します。メディアモデルは、事業から得たノウハウをウェブサイトに公開し、コンテンツ化してユーザーに届けるモデルです。

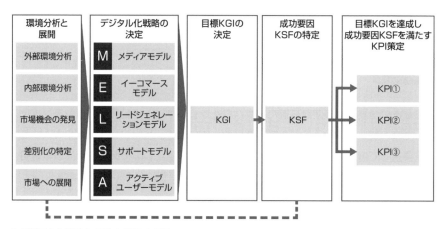

▲ デジタル化戦略と KGI と KSF と KPI

　その他の選択肢が不適切な理由は以下のとおりです。

2. イーコマースモデルは、消費者が商品を購入するまでをデジタルで完結させるモデルです。

3. リードジェネレーションモデルは、オンラインでリード（見込み客）を獲得し、接客を通して顧客を獲得するモデルです。

4. サポートモデルは、獲得した顧客のロイヤルティを高めること、顧客対応コストの削減、潜在顧客への認知拡大を行うモデルです。

　なお、アクティブユーザーモデルは、獲得した顧客の取引頻度を定期化し、顧客満足の維持と収益化を目指すモデルです。

問 3-2

あなたは、BtoB モデルの企業に勤めており、新しく立ち上がるインサイドセールス部門へと他部署から異動になりました。インサイドセールスの役割をしっかり理解しておく必要があります。インサイドセールスの役割として最も適切なものを選びなさい。

1. インサイドセールスは BtoB 独自の組織であり、BtoC では存在しない。
2. 主に顧客訪問による情報提供やコミュニケーションを行う。
3. インサイドセールスのメイン業務は、自らリードを獲得する施策を実施することである。
4. マーケティング活動で獲得したリードから商談機会を創出する役割である。

Reference 公式テキスト参照

3-1-4 リードジェネレーションモデルの戦略

問 3-3

あなたが勤務する企業内で、メディアを立ち上げて収益化しようという動きが出て、あなたがメディア立ち上げメンバーに選出されました。あなたは単体のメディアで戦略展開していくべきと考えて、単体メディア中心に進めるメリットを社内に伝えようとしています。メリットの表現として最も適切なものを選びなさい。

1. 幅広いチャネルやターゲットを狙うことができる。
2. 集客施策が集中できるため、効率的に PV 数を稼ぐことができる。
3. 集客手段は SEO のみでよい。
4. メディアの訪問者が、一定規模を超えても増え続ける。

Reference 公式テキスト参照

3-1-2 メディアモデルの戦略

問 3-2 の解答：4

　インサイドセールスは、マーケティング活動で獲得したリードから商談機会を創出する役割を担っています。商談につなげるための情報提供をしたり、商談につながった顧客の受注率を高めるためのニーズや属性情報の収集も求められたりします。

　その他の選択肢が不適切な理由は以下のとおりです。

1. インサイドセールスは BtoB だけではなく、BtoC でも存在します。
2. インサイドセールスは、顧客を訪問する従来の営業（フィールドセールス）の対義語で、主に電話やオンライン会議を用いてコミュニケーションを行います。
3. インサイドセールスのメイン業務は、マーケティング活動で獲得したリードから商談機会を創出することです。したがって、自らリード獲得施策を実施することはメインではありません。

問 3-3 の解答：2

　単体のメディアを中心に展開戦略を進める場合、SNS での告知や SEO などは、すべてそのメディアへの集客となります。一点集中の集客施策となるため、媒体として効率的に PV 数や MAU を増やせます。

　その他の選択肢が不適切な理由は以下のとおりです。

1. 複数のメディアを展開する場合に比べて、幅広いチャネルや幅広いターゲットを狙うことが難しくなります。
3. SEO のみでは十分とはいえません。SNS などの手段も実施して訪問者を増やしていきます。
4. ターゲットユーザーが自然に増える状況ではない場合、メディアへの訪問者は一定規模で頭打ちになりがちです。

問 3-4

あなたの企業は、イーコマースモデルで家具や家電といった型番に基づく商品を単店舗で販売する戦略をとっています。このモデルの説明として、最も適切なものを選びなさい。

1. 商品ごとに競合との優位性が求められ、商品管理コストが安くなる傾向がある。
2. 売上増大のため、他社が販売していない独占販売契約の商品群を取り扱うことが望ましい。
3. 同じブランドの商品群を訴求するのが基本となり、より単価が高い商品の購入を促進するアップセルや、ほかの商品と合わせて購入を促進するクロスセルが重要。
4. 流入経路（チャネル）の数が増える分、売上が上がりやすくなるが、店舗維持コストなどの固定費が高くなりがち。

Reference　　　　　　　　　　　　　　　　　　　　　　　　公式テキスト参照
3-1-3　イーコマースモデルの戦略

問 3-4 の解答：2

　イーコマースモデルでは、事業内容によって、「単品販売 or 型番販売」「単店舗展開 or 多店舗展開」といったように、どこに軸足を置くかによって、とるべき販売戦略が決まってきます。

　単品販売よりも型番販売のほうが商品管理コストが高くなる傾向があります。そのため、他社が販売していない独占販売契約を取り扱うほうが販売効率は良いものとされています。

　その他の選択肢が不適切な理由は以下のとおりです。

1. 型番販売の場合、商品ごとに競合との価格の優位性が求められる上に、市場に優位な量を確保しなければならないので、商品管理コストなどの変動費が高くなる傾向にあります。

3. 同じブランドの商品群を訴求するのが基本となるのは型番販売ではなく、単品販売です。単品販売では、アプローチできる顧客が絞られるため、より単価が高い商品の購入を促進するアップセルや、ほかの商品と合わせて購入を促進するクロスセルが重要です。

4. 流入経路（チャネル）の数が増える分、売上が上がりやすくなるが、店舗維持コストなどの固定費が高くなりがちなのは、単店舗展開ではなく、多店舗展開のケースになります。

問 3-5

あなたは、会員登録ユーザーが利用するクローズドなサイトのサポートページを担当しています。サポートページには FAQ を掲載し、顧客満足度向上を目指しています。このモデルの説明として、最も適切なものを選びなさい。

1. FAQ とは、「よくある質問」「Q&A 集」のことで、ユーザーから頻繁に問い合わせがある質問に対する回答をまとめたものである。
2. 一般消費者に情報を公開することで、潜在需要向けの情報として製品優位性も紹介できるため、新規顧客開拓の貢献が期待できる。
3. FAQ は充実していたほうがよいため、新規の FAQ を公開し続けて、過去の FAQ もずっと維持し続けていく。
4. FAQ による潜在顧客の開拓や、ニーズの開拓を希望する事業に向いている。

Reference   公式テキスト参照

3-1-5 サポートモデルの戦略

　問題文のケースはサポートモデルに該当します。サポートモデルでは、事業内容によって、「クローズドなサポート or オープンなサポート」「マニュアル or FAQ」といったように、どこに軸足を置くかによって、とるべき戦略が決まってきます。

　FAQ とは「よくある質問」「Q&A 集」のことで、ユーザーから頻繁に問い合わせがある質問に対する回答をまとめたものです。

　その他の選択肢が不適切な理由は以下のとおりです。

2. 一般消費者に情報を公開することで、潜在需要向けの情報として製品優位性も紹介できるため、新規顧客開拓の貢献が期待できるのは、クローズドなサポートではなく、オープンなサポートの解説です。

3. FAQ が増え続けると運用コスト・メンテナンスコストも膨らんでいきます。FAQ を定期的に見直し、統廃合することで運用コストの削減と利便性の向上を図りましょう。

4. FAQ による潜在顧客の開拓や、ニーズの開拓を希望する事業に向いているのは、オープンなサポートと FAQ を組み合わせたモデルの場合です。FAQ を一般公開し、潜在顧客の開拓も目指します。

問 3-6

あなたはサポートモデルを展開する多数のクライアントを抱えています。それぞれのサポートモデルの戦略における説明の組み合わせとして、最も適切なものを選びなさい。

1. クローズなサポートでマニュアルを展開する場合は、マニュアルを充実させたことによるサポートコスト削減効果は測定しなくてよい。
2. クローズなサポートでFAQを展開する場合は、トラフィックのないコンテンツも大切なので、そのままにしておくべきである。
3. オープンなサポートでマニュアルを展開する場合は、購入者や非購入者の違いを把握し、商品企画の参考にする。
4. オープンなサポートでFAQを展開する場合は、既存顧客の満足度向上のみを目的としている。

Reference 公式テキスト参照

3-1-5 サポートモデルの戦略

問 3-7

あなたは、クライアントに「情報を探しているユーザーにホワイトペーパーやウェビナーなどで適切な情報を提供し、興味を持ってもらい、売上につなげていくマーケティング手法」を紹介します。この手法に該当する最も適切なものを選びなさい。

1. インサイドセールス
2. インバウンドマーケティング
3. サブスクリプション
4. アウトバウンドマーケティング

Reference 公式テキスト参照

3-1 MELSAモデルによるデジタル化戦略

問 3-6 の解答：3

オープンなサポートでマニュアルを展開する場合、購入者と非購入者では、マニュアルに対する興味関心や行動を促すポイントが異なります。購入者と非購入者が把握できるよう、ウェブ解析の設定を行い、行動の違いを見つけましょう。その違いからプロモーションや商品企画の参考にすることが重要です。

その他の選択肢が不適切な理由は以下のとおりです。

1. クローズなサポートでマニュアルを展開する場合、マニュアルを充実させたことによるサポートコスト削減効果を測定することが重要です。
2. クローズなサポートで FAQ を展開する場合、FAQ はメンテナンスコストもかかるため、トラフィックのないコンテンツは削除してメンテナンス範囲外にすることでコストダウンを図ることが望ましいです。
4. オープンなサポートで FAQ を展開する場合、既存顧客以外も FAQ を閲覧できる状態のため、FAQ による潜在顧客の開拓や、ニーズの開拓も目的に含まれます。

問 3-7 の解答：2

問題文の「情報を探しているユーザーにホワイトペーパーやウェビナーなどで適切な情報を提供し、興味を持ってもらい、売上につなげていくマーケティング手法」はインバウンドマーケティングのことを指しています。

その他の選択肢が不適切な理由は以下のとおりです。

1. インサイドセールスは、リードジェネレーション領域からリードナーチャリング領域にリードを受け渡す役割です。
3. サブスクリプションは、マーケティング施策ではなく、事業側が提供するサービスに対する課金形態のことです。商品やサービスを所有・購入するのではなく、一定期間の利用権に対して料金を支払う形態です。
4. アウトバウンドマーケティングは、広告やメールによるプッシュ型の施策中心のマーケティング活動を指します。インバウンドマーケティングと相対する施策です。

問 3-8

あなたは、新規事業の立ち上げメンバーに選出されました。アクティブユーザーモデルでの新規ビジネス展開が検討されています。アクティブユーザーモデルの説明として最も適切なものを選びなさい。

1. 都度課金型では、サービスの課金は利用サービスのランク（コース）に基づく一定額の請求が基本である。また、課金ユーザーのランクを上げること、解約（チャーン）を防ぐことが重要である。
2. サブスクリプション型では、サービス内のイベントやキャンペーンを通して、未課金ユーザーへの初課金またはアクティブユーザーへの再購入を促す施策が重要である。
3. 実用的なサービスは、ビジネス向けのことだけを指し、社会人が成長できるコンテンツ提供が重要である。
4. エンターテインメントなサービスでは、サービスの魅力を磨き続けるとともに、課金した人に成長を実感させることが必要である。

Reference 公式テキスト参照

3-1-6 アクティブユーザーモデルの戦略

問 3-8 の解答：4

アクティブユーザーモデルでは、事業内容によって、「サブスクリプション or 都度課金」「エンターテインメントサービス or 実用的サービス」といったように、どこに軸足を置くかによって、とるべき戦略が決まってきます。

例えば、ゲームなどのエンターテインメントなサービスでは、娯楽性を重視したサービスの魅力を磨き続け、お金を使った結果としてキャラクターが強くなったり、レアアイテムが手に入ったりと、メリットが明確になることが重要です。

その他の選択肢が不適切な理由は以下のとおりです。

1. 都度課金型では、サービス内のイベントやキャンペーンを通して、未課金ユーザーへの初課金またはアクティブユーザーへの再購入を促す施策が重要です。
2. サブスクリプション型では、サービスの課金は利用サービスのランク（コース）に基づく一定額の請求が基本です。また、課金ユーザーのランクを上げること、解約（チャーン）を防ぐことが重要です。
3. 実用的なサービスは、ビジネス向けだけではなく、ライフスタイルの向上に役立つコンテンツも含まれます。業務や生活で利用できるためのコンテンツを提供します。

問 3-9

あなたは、担当している事業のデジタル化戦略における KGI・KSF・KPI を策定しようとしています。策定する上でのポイントとして、最も適切なものを選びなさい。

1. はじめに KPI を決めてから KSF、そして最後に KGI を決めるのがよい。
2. KGI は売上や利益などを設定することが一般的で、「顧客満足をもたらすものにする」「利害関係者の共感をもたらすものにする」ということを意識することが大切である。
3. KPI は、KGI を達成するためのプロセスの到達度合いを計測するための指標であり、なるべく多くの KPI を設定することが望ましい。
4. KSF は、KGI を達成するための成功要因で、KPI とは関係がない。

Reference　　　　　　　　　　　　　　　　　　　　公式テキスト参照

3-1-7 KGI と KSF と KPI

問 3-9 の解答：2

　KGI とは、事業の目標やゴールを数値化した指標です。より良い KGI を定めるためには、以下 2 つの視点を意識することが大切です。

- ● 顧客満足をもたらすものにする
- ● 利害関係者の共感をもたらすものにする

その他の選択肢が不適切な理由は以下のとおりです。

1. KPI → KSF → KGI の順番ではなく、事業の目標として KGI を定め、成功要因となる KSF を特定し、KSF を満たすための業績評価指標としての KPI を策定します。全体像を把握しつつ、一貫した戦略と施策を策定します。

3. KPI は、KGI を達成するためのプロセスの到達度合いを計測するための指標であることは正しいですが、KPI が多すぎるのはよくありません。KPI が 10 個を超えるようであれば、優先順位を決めて減らします。KPI を達成するための施策を合わせて考え、費用対効果、実現可能性、実行の時期と成果が得られる時期で優先順位を決めます。

4. KSF は、KGI を達成するための成功要因であることは正しいですが、KPI は KSF によって定めるため、KPI とも関係があります。

問 3-10

あなたは、とあるメディアの運営者です。来期の KPI を定めるために、社内で協議が始まりました。次のうち、あなたの運営するメディアにとって最も適切なものを選びなさい。

1. メディアモデルの KPI 策定の目的は、広告収益の拡大、認知度を高める・インプレッションを増やす、エンゲージメントを高める・理解を深めるの 3 つがあり、それぞれの目的に応じた KPI を設定する。
2. メディアモデルの KPI は、ショッピングカートやモールのデータを用いるため、コンバージョン数や CVR はユーザーを分母とする。
3. メディアモデルの KPI は、コンバージョン率・商談率・成約率、電話・FAX・郵送での問い合わせ数、CPC・CPA がある。
4. メディアモデルの KPI は、リリース、初期、中期、後期のフェーズごとに策定する。

Reference　　　　　　　　　　　　　　　　　　　　　　　　　　公式テキスト参照

3-2-2　メディアモデルの KPI

問 3-10 の解答：1

　メディアモデルの KPI 策定の目的は 3 つあり、それぞれ以下のような KPI を設定します。

- **広告収益の拡大を目的とする KPI**
  - メールの購読数や解約率、ブログのページビュー数
  - 広告のインプレッション数、リーチ数、クリック数、クリック率　など
- **認知度を高める・インプレッション増加を目的とする KPI**
  - キーワード検索順位・外部リンク数・SNS 経由流入数
  - 商品やサービスの固有名詞での検索エンジン上のクエリ数　など
- **エンゲージメントを高める・理解を深める KPI**
  - ページ滞在時間・直帰率・離脱率
  - PDF やホワイトペーパーのダウンロード率　など

　その他の選択肢が不適切な理由は以下のとおりです。

2. ショッピングカートやモールのデータを用いて KPI を定めるのは、イーコマースモデルの場合です。
3. コンバージョン率・商談率・成約率、電話・FAX・郵送での問い合わせ数などを用いて KPI を定めるのは、リードジェネレーションモデルの場合です。
4. リリース、初期、中期、後期のフェーズごとに KPI を定めるのは、アクティブユーザーモデルの場合です。

問 3-11

あなたは、メディアを運営しています。新たなチャレンジとして、音声番組をネット上に公開しようと検討しています。この施策を表す用語として最も適切なものを選びなさい。

1. メディアリレーションシップ
2. ウェビナー
3. ポッドキャスト
4. メッセンジャー

Reference　　　　　　　　　　　　　　　　　　　　　公式テキスト参照

3-2-1　メディアモデルのビジネス用語

問 3-12

あなたは、とあるメディアを運営していて、メディアを広告媒体として収益化することを目指しています。広告主や広告代理店が魅力に感じるメディアを目指すとき、最も適切な KPI 設定を選びなさい。

1. 毎月の新規記事（コンテンツ）の公開数
2. 外部リンク数
3. SNS 上でのユーザーの発言内容（ポジティブ・ネガティブ）
4. ページビュー数や MAU（月間アクティブユーザー数）

Reference　　　　　　　　　　　　　　　　　　　　　公式テキスト参照

3-1-2　メディアモデルの戦略

問 3-11 の解答：3

　ポッドキャストとは、主に音声をネット上に公開する手段で、専用アプリで音声番組として提供できます。
　その他の選択肢が不適切な理由は以下のとおりです。

1. メディアリレーションシップとは、メディアの記者・ディレクターと信頼関係を築くことです。
2. ウェビナーとは、ウェブで動画セミナーを配信することです。
4. メッセンジャーとは、個人同士がテキストや絵文字などでやりとりするサービスです。

問 3-12 の解答：4

　広告媒体として広告主・広告代理店などに選んでもらえるためには、まずは多くのユーザーが利用している・閲覧しているメディアである必要があります。
　その他の選択肢が不適切な理由は以下のとおりです。

1. 新規記事（コンテンツ）の公開は必要ですが、公開した結果から得られるページビュー数のほうが KPI としては適切です。
2. 外部リンクの数を増やしても広告主や広告代理店にとってメリットはありません。
3. SNS 上でのポジティブ・ネガティブな反応をチェックし、対応すること自体は問題ありませんが、KPI は定量的な目標であるべきなので、発言内容のような定性的な要素は KPI としては不適切です。

問 3-13

あなたが運営しているメディアにおいて、下表の「現状」の数値結果となっています。Reach を増やして、CV を 10 まで伸ばす目標を立てようとしています。このとき、下表「目標」の Reach の数値目標（X）として最も適切なものを選びなさい。なお、CTR と CVR は Reach を分母として計算します。

	現状	目標
Imp	5,000	
Reach	1,000	(X)
Click	300	
CV	8	10
Imp/Reach	5.00	5.00
CTR	30.0%	30.0%
CVR	0.80%	0.80%

1. 2,000

2. 1,750

3. 1,500

4. 1,250

Reference 　　　　　　　　　　　　　　　　　　　　公式テキスト参照

3-2-3 メディアモデルの改善と計画立案

問 3-13 の解答：4

CVR が Reach を分母としているため、CVR = CV ÷ Reach です。CVR が「0.80%」のままなので、Reach の数値目標は、Reach = CV ÷ CVR で算出できます。

Reach = 10 ÷ 0.80% = 1,250

	現状	目標
Imp	5,000	6,250
Reach	1,000	1,250
Click	300	375
CV	8	10
Imp/Reach	5.00	5.00
CTR	30.0%	30.0%
CVR	0.80%	0.80%

問 3-14

あなたが担当しているイーコマースサイトにおいて、下表の「現状」の数値結果となっています。商品一覧ページへの誘導を強化することで、CV を 45 まで伸ばす目標を立てようとしています。このとき、下表「目標」の商品一覧到達率の数値目標（X）として最も適切なものを選びなさい。なお、単位はユーザー数とします。

	現状	目標
全ユーザー	40,000	40,000
商品一覧	20,000	
商品詳細	2,000	
カート	60	
CV	30	45
平均客単価	¥5,000	¥5,000
売上	¥150,000	¥225,000
商品一覧到達率	50.0%	（X）
商品詳細ページ到達率	10.0%	10.0%
カート到達率	3.0%	3.0%
カートからの CVR	50.0%	50.0%

1. 75.0%
2. 65.0%
3. 60.0%
4. 55.0%

Reference 公式テキスト参照

3-3-2 イーコマースモデルの計画立案

問 3-14 の解答：1

　CV を 45 件にするために必要な数値を逆算して、最後に商品一覧到達率を算出します。

　CV 45 件のために必要なカート遷移ユーザー数は、「CV ÷ カートからの CVR」で求めるので、45 ÷ 50.0% = 90。

　カート 90 件のために必要な商品詳細ページ遷移ユーザー数は、「カート ÷ カート到達率」で求めるので、90 ÷ 3.0% = 3,000。

　商品詳細 3,000 件のために必要な商品一覧ページ遷移ユーザー数は、「商品詳細 ÷ 商品詳細ページ到達率」で求めるので、3,000 ÷ 10.0% = 30,000。

　全ユーザーが 40,000、商品一覧遷移ユーザーが 30,000 なので、必要な商品一覧到達率は、30,000 ÷ 40,000 = 75.0% になります。

	現状	目標
全ユーザー	40,000	40,000
商品一覧	20,000	30,000
商品詳細	2,000	3,000
カート	60	90
CV	30	45
平均客単価	¥5,000	¥5,000
売上	¥150,000	¥225,000
商品一覧到達率	50.0%	75.0%
商品詳細ページ到達率	10.0%	10.0%
カート到達率	3.0%	3.0%
カートからの CVR	50.0%	50.0%

問 3-15

あなたは、マーケティング部門と営業部門を統括しています。マーケティングでのリードジェネレーションから営業での商談、受注までを含めたデータが下表の「現状」の数値結果となっています。受注数を 6 に伸ばそうと目標を立てて、商談数を増やすために商談率を高めようと考えています。このとき、下表「目標」の商談率の数値目標（X）として最も適切なものを選びなさい。なお、単位はユーザー数とします。

	現状	目標
潜在顧客	3,000	3,000
訪問者	600	
CV 数	60	
商談数	6	
受注数	3	6
訪問率	20.0%	20.0%
CVR	10.0%	10.0%
商談率	10.0%	(X)
受注率	50.0%	50.0%

1. 15.0%

2. 20.0%

3. 22.5%

4. 35.0%

Reference 公式テキスト参照
3-4-2 リードジェネレーションモデルの計画立案

問 3-15 の解答：2

受注数 6 が目標で、受注率は 50.0% のままなので、必要な商談数は、6 ÷ 50.0% = 12。

潜在顧客が 3,000 のまま、かつ、訪問率と CVR も変化なしのため、訪問者が 600、CV 数が 60 となります。

CV 数が 60、そのうち 12 件の商談を獲得しなければいけないので、必要となる商談率は、12 ÷ 60 = 20.0% となります。

	現状	目標
潜在顧客	3,000	3,000
訪問者	600	600
CV 数	60	60
商談数	6	12
受注数	3	6
訪問率	20.0%	20.0%
CVR	10.0%	10.0%
商談率	10.0%	20.0%
受注率	50.0%	50.0%

問 3-16

あなたは、自社製品のサポートサイトの担当です。現状の問い合わせ数200件から、100件まで削減する目標を立てました。問い合わせ数以外の目標数値は下表のとおりです。このとき、あなたが実施すべき施策として最も適切なものを選びなさい。

	現状	目標
サポート一覧ページビュー	3,000	3,000
サポート詳細ページビュー	1,200	1,200
問い合わせ数	200	100
対応コスト	¥400,000	¥200,000
サポート詳細転換率	40.0%	40.0%
問い合わせ転換率	16.67%	8.33%
問い合わせ1件あたりの対応コスト	¥2,000	¥2,000

1. サポート一覧ページのページビュー数を増やす施策を実施する。
2. サポート一覧ページからサポート詳細ページへ遷移しやすくなるように、導線を改善する。
3. サポート詳細ページのコンテンツを改善して閲覧者が理解しやすくする。
4. サポート詳細ページに設置している問い合わせフォームへのCTAを目立たせる。

Reference　　　　　　　　　　　　　　　　　　　　　　　　公式テキスト参照

3-5-2 サポートモデルの計画立案

問 3-16 の解答：3

「サポート一覧ページビュー」と「サポート詳細ページビュー」は変わらずに、問い合わせ数を 100 件に減らす目標設定になっています。そのためには、サポート詳細ページから問い合わせへの「問い合わせ転換率」を 16.67% から 8.33% へ改善する必要があります。

サポート詳細ページのコンテンツを改善することで、閲覧者が詳細ページを読んだだけで疑問が解消でき、問い合わせするユーザーを減らせます。つまり、問い合わせ転換率も改善できます。

その他の選択肢が不適切な理由は以下のとおりです。

1. 問題文では、サポート一覧ページビューは変化しない想定です。かつ、サポート一覧ページビューを増やしたところで、問い合わせ数は削減できません。
2. 問題文では、サポート詳細ページビューも、サポート詳細転換率も変化しない想定です。
4. サポート詳細ページにある問い合わせフォームへの CTA を目立たせることで、問い合わせフォームへの遷移率は向上するかもしれませんが、本来の目的である「問い合わせ数を減らす」に対しては相反する施策になってしまいます。

問 3-17

あなたは、自社のスマートフォンアプリの担当です。現状の売上 100,000 円から、150,000 円まで伸ばしたいと考えています。この実現のために各種数値目標を下表のように定めました。このとき、あなたが実施すべき施策として最も適切なものを選びなさい。

なお、解約は翌月の発生となり、今月の売上には影響しないものとし、解約数は計算に含めず、単位はユーザー数とします。

	現状	目標
Reach 数	2,000,000	2,000,000
インストール数	5,000	5,000
MAU	800	800
課金ユーザー	200	300
インストール率	0.25%	0.25%
MAU 転換率	16.0%	16.0%
課金率	25.0%	37.5%
ARPU	¥125	¥188
ARPPU	¥500	¥500
課金金額	¥500	¥500
売上	¥100,000	¥150,000

1. アプリ広告を配信して今よりも多くのユーザーに認知させる。

2. アプリのインストールを促すリワード広告を配信する。

3. 毎日、プッシュ通知でアプリへ誘導する。

4. アクティブユーザーに対して、課金を行ったユーザー限定のキャンペーンやクーポンを提供する。

Reference 公式テキスト参照

3-6-2 アクティブユーザーモデルの計画立案

問3-17の解答：4

　設定した目標を見ると、課金率を 25.0% から 37.5% へと向上させることで課金ユーザーを 300 人へと伸ばす目標になっています。

　したがって、MAU・アクティブユーザーから課金するユーザーを増やす施策が必要です。例えば、課金してもらうことへの限定キャンペーンやクーポンが有効です。

　その他の選択肢が不適切な理由は以下のとおりです。

1. アプリ広告で今よりも多くのユーザーに認知させる施策は、Reach 数が増えます。問題文のケースでは Reach 数は変化しない想定なので、この選択肢は不適切です。
2. インストールを促すリワード広告は「インストール率」へ影響を与えます。問題文のケースではインストール率は変化しない想定なので、この選択肢は不適切です。
3. プッシュ通知でアプリへ誘導すると MAU は向上します。問題文のケースでは「MAU」や「MAU 転換率」は変化しない想定なので、この選択肢は不適切です。なお、プッシュ通知をしすぎるとアプリのアンインストールやプッシュ通知のオフなどのリスクもあります。

問 3-18

あなたは自社商品を自社イーコマースサイトで販売している担当者です。先週のデータは以下のとおりでした。

サイト訪問 全ユーザー数：6,000
商品一覧ページ閲覧 ユーザー数：3,000
商品詳細ページ閲覧 ユーザー数：300
カート追加 ユーザー数：30
購入完了 ユーザー数：6

購入完了数を増やすために、商品一覧ページから商品詳細ページへ遷移してくれるユーザーを増やそうと考えました。商品詳細ページへの遷移率を高めるための施策として最も適切なものを選びなさい。

1. 商品詳細ページにお客様の声を掲載する。
2. ディスプレイ広告を配信する。
3. 商品一覧ページに表示された商品の画像や紹介文を魅力的なものへと変更する。
4. 商品一覧ページのパンくずリストを目立たせる。

Reference　　　　　　　　　　　　　　　　　　　公式テキスト参照

3-3-2　イーコマースモデルの計画立案

問 3-18 の解答：3

　商品一覧ページから商品詳細ページへ遷移させたいので、商品一覧ページに表示された商品の画像や紹介文を魅力的にすることで、クリックされやすくし、遷移率を高めます。

　その他の選択肢が不適切な理由は以下のとおりです。

1. 商品詳細ページに対する施策なので、商品一覧ページからの遷移には影響を与えません。
2. ディスプレイ広告は、サイト訪問ユーザー数を増やすための施策です。
3. 商品一覧ページのパンくずリストは、一覧ページよりも下層の商品詳細ページへ誘導するものではないため、目立たせても商品詳細ページへの遷移は増えません。

第4章

ウェブ解析の設計

公式テキストの第4章からは、事業戦略とデジタル化戦略から導き出された施策を正確に測定するために、ウェブ解析ツールを実装させるための設計方法について出題されます。

問 4-1

あなたは事業会社のデジタルマーケティング責任者に抜擢されました。早速、自社サイトに対してウェブ解析を進めようとしています。ウェブ解析の設計において、最も適切なものを選びなさい。

1. 解析計画は、少数精鋭で取り組む「プロジェクト」であるということを認識すべきである。
2. 解析計画は、「どのサイトの」「何を計測するのか」という本質を検討すべきである。
3. 最終的な目的・ゴールを明確にすることは、解析計画においては重要ではない。
4. 通常、解析計画は、情報整理、人員確保・教育、技術選定・導入、ウェブ解析のフェーズ決定、ウェブ解析計画の作成といった流れで進めていく。

Reference　　　　　　　　　　　　　　　　　　　　　　　　公式テキスト参照

4-1-1　ウェブ設計の前に決めること

4-1-2　ウェブ解析設計の流れ

問 4-1 の解答：4

　解析計画では、「どのサイトなのか」「何を計測するのか」「どんなツールを入れるのか」といった点に目がいってしまいがちですが、多くの関係者が関わる「プロジェクト」であるという認識を持って、「プロジェクトマネジメント」を行う必要があります。つまり、解析計画から実装までを1つのプロジェクトとして、目的（何のために解析をするのか）やゴール（何をどこまで解析できればよいのか）とともに、影響範囲や対応範囲を想定して関係者とのコミュニケーションをとりながら、確実に導入までを管理しなければならないということです。そのために、情報整理、人員確保・教育、技術選定・導入、ウェブ解析のフェーズ決定、ウェブ解析計画の作成といった流れで進めていきます。

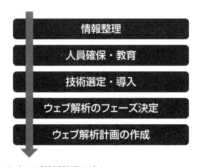

▲ ウェブ解析計画の流れ

　その他の選択肢が不適切な理由は以下のとおりです。

1. 「少数精鋭」ではなく、「多数の関係者」が正しい説明です。
2. 「どのサイトの」「何を計測するのか」ということはスコープであり、「何のために（何に活用するために、何を分析するために）」ということが本質です。
3. 「最終的な目的・ゴールを明確にする」ことこそ、重要です。「なぜ解析するのか」を大切にしないと、ただのレポート作成業務で終わってしまいます。

問 4-2

あなたは、オウンドメディアの担当者になりました。ウェブ解析を行うために、「情報整理」「人員確保・教育」「技術選定・導入」「ウェブ解析のフェーズ決定」「ウェブ解析計画の作成」の手順で進めていこうとしています。これらの工程における説明として最も適切なものを選びなさい。

1. 技術選定・導入とは、自社内の利用しているサービスについて、「どこに」「どのような情報が」「どのような形で」存在するのかといった全体像を把握することである。
2. 情報整理とは、アクセス解析ツールや広告効果測定ツールなど、導入する目的とメリット、デメリットを把握し選定することである。
3. ウェブ解析のフェーズ決定とは、本運用開始までのフェーズの検討を行い、計画を立て、本運用を開始することである。
4. ウェブ解析計画の作成では、タスク・スケジュールに落とし込み、タスク管理ツールを活用するとよい。

Reference 　　　　　　　　　　　　　　　　　　　　　　　公式テキスト参照

4-1-2　ウェブ解析設計の流れ

問 4-2 の解答：4

　ウェブ解析計画の作成の工程では、設計に必要な情報から具体的なタスク・スケジュールに落とし込んでまとめていきます。Backlog などのタスク管理ツールもうまく活用すると効率的です。

　その他の選択肢が不適切な理由は以下のとおりです。

1. 自社内の利用しているサービスについて、「どこに」「どのような情報が」「どのような形で」存在するのかといった全体像を把握することは、「情報整理」の工程です。

2. アクセス解析ツールや広告効果測定ツールなど、導入する目的とメリット、デメリットを把握し選定することは、「技術選定・導入」の工程です。

3. 「ウェブ解析のフェーズ決定」では、フェーズ検討、試験運用、本運用の順番で進めます。フェーズ検討の後にすぐに本運用に進まずに、試験運用を行ってください。

問 4-3

あなたは、転職後の会社でウェブ担当者となりました。担当するウェブサイトは、ウェブ解析ができる状態にはなっていなかったので、ウェブ解析のための実装に着手しました。ウェブ解析の実装段階における対応として、最も適切なものを選びなさい。

1. 関係者（自社、運営会社など）からのアクセスも重要なデータであるため、アクセスを除外すべきではない。
2. 解析ツールの実装において、事前に検証環境で動作を確認する。
3. 解析環境の設定後、検証環境で確認できていれば、本番環境リリース後はデータが正確に計測できているかを確認しなくてよい。
4. 解析対象のウェブサイトについて複数のドメインをまたいだ解析が必要である場合でも、特別な対応は不要である。

Reference　　　　　　　　　　　　　　　　　　　　　　　公式テキスト参照
4-1-5　ウェブ解析の実装における注意事項

問 4-3 の解答：2

　解析ツールは、いきなり本番環境に実装するのではなく、検証環境で動作確認・検証をすることが望ましいです。

　その他の選択肢が不適切な理由は以下のとおりです。

1. 解析の精度を高めるために、関係者（自社、運営会社、制作会社など）からのアクセスや、ノンヒューマン（クローラー）からのアクセスは除外します。
3. 検証環境で確認していても、本番環境リリース直後にデータが正確に計測できるかの確認は必要です。
4. ユーザーが複数のドメイン・ウェブサイトを横断して遷移したとき、解析ツール側で同一ユーザーとみなされず、分析に不備が発生してしまうことを防ぐために、実装方法の調整や設定が必要です。

問 4-4

あなたは、複数の開発委託会社に、「このような目的で、こういった状況で、このようなシステムを作りたいのだが、提案をしてほしい」ということを伝える文書を作成しようとしています。この文書として最も適切なものを選びなさい。

1. RFP
2. SDR
3. サイト / システム設計書
4. UI 指示書

Reference　　　　　　　　　　　　　　　　　　　　　　公式テキスト参照

4-1-3　技術的環境の文書の活用

4-1-4　ウェブサイトの解析設計に関する主要な技術的文書

問 4-5

あなたは Google タグマネージャーの設定を担当しています。タグを発動（発火）する条件（ルール）を設定する際に使う機能として、最も適切なものを選びなさい。

1. 変数
2. トリガー
3. コンバージョンタグ
4. コンテナ

Reference　　　　　　　　　　　　　　　　　　　　　　公式テキスト参照

4-2-2　Google タグマネージャー（GTM）の特徴とメリット

問 4-4 の解答：1

　RFP（Request For Proposal）は提案依頼書のことで、納期や予算のほか、目的、体制、システムの仕様やアクセシビリティへの対応などを記載し、複数企業からのコンペを依頼する際などに使用します。

　その他の選択肢が不適切な理由は以下のとおりです。

2. SDR（Solution Design Reference）は、独自のディメンションや指標を作成してデータを計測している場合に作成します。主に Adobe Analytics 導入の際に使われる文書形式のことです。

3. サイト / システム設計書は、サイト・システムの全体像の把握を目的としています。

4. UI 指示書は、UI デザイナーが作成した指示書のことです。ユーザーのペルソナやカスタマージャーニーマップなどをもとに作成され、想定するユーザー像やカスタマーの行動に合わせ、どのようなコンテンツを作ったかを把握できます。

問 4-5 の解答：2

　タグを発動する条件（ルール）を設定するには「トリガー」を設定します。特定のページだけでタグを発動させるトリガー、特定のボタンをクリックされたときにタグを発動させるトリガーなどが設定できます。

　その他の選択肢が不適切な理由は以下のとおりです。

1. 変数とは、ウェブサイトやページに関する情報を、Google タグマネージャーで利用するために定義された値を格納する器です。

3. コンバージョンタグは、インターネット広告の効果を測定するためのタグです。

4. コンテナとは、Google タグマネージャーの設定情報を管理するための単位です。通常は、サイトごとにコンテナを発行して利用します。

問 4-6

あなたは、ウェブ担当者です。Google タグマネージャーを使って、アクセス解析ツールのタグや広告用のタグを設定しようとしています。次のうち、Google タグマネージャーで対応できることとして、最も適切なものを選びなさい。

1. 問い合わせを完了したページでコンバージョンタグを実行する。
2. タグの動作検証はできないので、広告用のタグを追加したら、すぐに本番公開する。
3. ウェブページのスクロールを計測する際は、100% スクロールのみ計測できる。
4. 検索エンジンから PDF ファイルにアクセスされた数もカウントする。

Reference 公式テキスト参照

4-2-1 タグマネージャーの主な機能

4-2-2 Google タグマネージャー（GTM）の特徴とメリット

問 4-6 の解答：1

問い合わせ完了ページでコンバージョンタグを実行することは可能です。
その他の選択肢が不適切な理由は以下のとおりです。

2. タグの動作検証はすることができます。

3. スクロール量は、25%、50% など 100% 以外も設定することができます。

4. 検索エンジンから直接 PDF ファイルにアクセスされた数を計測することはできません。

問 4-7

あなたはマーケティングチームの一員です。リードジェネレーションのために運用しているウェブサイトでは、広告の計測タグやアクセス解析ツールのタグをHTMLに直接記述していました。これらのタグの管理を効率化するためにタグマネジメントツールを導入することになりました。次のタグマネジメントツールの運用に関する説明のうち、最も適切なものを選びなさい。

1. タグマネジメントツールは便利な道具であり、デジタルマーケティング実施のゴールといえるので、これからのウェブサイトには導入が必須である。
2. サイトの情報設計に基づいた適切なタグの実装が求められるため、より詳細にサイト構成を把握しておく必要がある。
3. タグマネジメントツールは万能であるため、タグマネジメントツールさえ理解していれば解析ツールへの理解は不要である。
4. タグマネジメントツールはデジタルマーケティング活用に便利なツールであるため、関係者を含め、社員全員が自由に使えるようにログイン権限を渡しておくとよい。

Reference　　　　　　　　　　　　　　　　　　　　　　公式テキスト参照

4-2-3　タグマネージャー運用の心得

問 4-7 の解答：2

　各々のタグの作動条件を決定するためには、サイト構成をしっかりと把握しておくことが最も重要です。場合によっては、サイト自体を改善する必要もあります。

　ウェブ解析では、解析ツールを使ってできることを把握しておくことだけではなく、どのようなサイト構造であるべきかを考えられるスキルも必要となります。

　その他の選択肢が不適切な理由は以下のとおりです。

1. タグマネジメントツールはデジタルマーケティング実施のゴールではありません。ツールの明確な活用イメージと得られるメリットがない状態で導入しても宝の持ち腐れとなります。

3. タグマネジメントツールだけの理解では意味がありません。解析ツールを含む他のツールと連携することで初めて価値が生まれます。したがって、連携する解析ツール・他ツールへの理解も必要です。

4. タグマネジメントツールのログイン権限は信頼できる人のみに与えるべきです。たとえ社員だとしても不用意に全員にログイン権限を与えてしまうと、ウェブサイトのコンテンツ改ざんや情報漏洩を起こす可能性もあるため、注意が必要です。

問 4-8

あなたは、初めて Google Search Console を活用しようとしています。次の Google Search Console に関する説明のうち、最も適切なものを選びなさい。

1. Google Search Console で流入経路を解析するためには、utm パラメータを活用する必要がある。

2. Google Search Console を使うと、Google 検索でのパフォーマンスと検索に関わる情報として検索のパフォーマンス、インデックス作成などの重要な指標や、検索エンジンから見たエラーなどの通知の概要を確認できる。

3. Google Search Console を導入すれば、Bing などの主要な検索エンジンにおける検索キーワードとインプレッションなどの計測が可能になる。

4. Google Search Console は専用の計測タグをウェブサイトに貼り付けないと利用できない。

Reference　　　　　　　　　　　　　　　　　　　　　　　公式テキスト参照

4-3-3 Google Search Console の概要

問 4-8 の解答：2

Google Search Console を設定すると、以下のような情報を確認でき、SEO やウェブサイトの改善に活用できます。

● 検索パフォーマンス
● インデックス作成
● ページエクスペリエンス

その他の選択肢が不適切な理由は以下のとおりです。

1. utm パラメータとは、流入元を判別するために URL へ付与する文字列のことを指します。このパラメータで流入経路を解析するのは、Google Search Console ではなく、GA4 です。
3. Google Search Console では、Bing の計測はできません。
4. Google Search Console の場合、認証を行うには専用のタグを貼る方法以外に、GA4 や Google タグマネージャーのタグを用いることができますし、html ファイルをアップロードする方法も用意されています。

問 4-9

あなたは、広告代理店に勤務しています。あなたのクライアントは、2023年7月に開催するセミナー集客のために、Yahoo! のディスプレイ広告（運用型）を配信します。広告の管理画面で、キャンペーンは「seminar202307」と設定しました。GA4 を使って流入経路を解析しているため、パラメータを付与してYahoo! のディスプレイ広告（運用型）からの流入であることを判別しようとしています。このとき、最も適切なパラメータを選びなさい。

1. https://******.jp/?utm_source=display&utm_medium=yahoo&utm_campaign=seminar202307

2. https://******.jp/?utm_source=display&utm_medium=seminar202307&utm_campaign=yahoo

3. https://******.jp/?utm_medium=display&utm_source=yahoo&utm_campaign=seminar202307

4. https://******.jp/?utm_medium=display&utm_source=seminar202307&utm_campaign=yahoo

---

Reference 公式テキスト参照

4-3-2 パラメータの概要

問 4-9 の解答：3

　GA4 には、次のようなパラメータが用意されています。大文字と小文字は同一視しないで分析するため、基本的には小文字に統一して書きます。

パラメータ	名称	内容	例
utm_source	参照元	参照元となるウェブサイトや広告を出稿している媒体	google、yahoo、facebook
utm_medium	メディア	検索連動型広告、ディスプレイ広告などオーガニック検索などの種類	cpc、email、display
utm_campaign	キャンペーン名	広告のキャンペーン名称	2023seminar、202301mail
utm_term	キーワード	検索連動型広告で設定しているキーワード	waca、web_analytics
utm_content	コンテンツ名	広告のクリエイティブを変えた場合のコンテンツの名称	banner1、banner2

　問題文のケースでは、Yahoo! のディスプレイ広告（運用型）なので、utm_source=yahoo、utm_medium=display が適切です。そして、広告のキャンペーンは「seminar202307」なので、utm_campaign=seminar202307 が適切です。
　その他の選択肢が不適切な理由は以下のとおりです。

1. 「?utm_source=display&utm_medium=yahoo&utm_campaign=seminar202307」なので、utm_source と utm_medium が逆です。
2. 「?utm_source=display&utm_medium=seminar202307&utm_campaign=yahoo」の utm_source を yahoo、utm_medium を display、utm_campaign を seminar202307 とするのが正しいです。
4. 「?utm_medium=display&utm_source=seminar202307&utm_campaign=yahoo」なので、utm_source と utm_campaign が逆です。

問 4-10

あなたはアクセス解析ツールを自社サイトに導入しようとしています。社内にサーバー管理者や開発者はおらず、HTMLとデザインスキルがあるメンバーが自社サイトを更新しているので、なるべく簡単にアクセス解析を行いたいと考えています。このとき、どのアクセス解析ツールがよいのか、最も適切なものを選びなさい。

1. ウェブビーコン方式
2. サーバーログ方式
3. コンバージョンタグ方式
4. サブスクリプション方式

Reference 公式テキスト参照
4-4-1 アクセス解析の種類

4

問 4-11

あなたは、マーケティング担当者です。自社サイトの資料をダウンロードしたユーザーに対して、翌日に自動的に別の資料メールを送り、さらに3日後にウェビナーのご案内メールも自動的に送信したいと考えています。この自動化を実現するために、最も適切なツールを選びなさい。

1. SFA（Sales Force Automation）
2. MA（マーケティングオートメーション）
3. Google タグマネージャー
4. Google Search Console

Reference 公式テキスト参照
4-5 外部データ連携による解析

問 4-10 の解答：1

　ウェブビーコン方式の長所は、解析用の JavaScript などを埋め込むだけで、簡単に、かつ高度な解析ができることにあります。ウェブビーコン方式のツールとしては GA4 が最も有名ですが、Matomo という自社サーバーにも設置可能なオープンソースのアクセス解析ツールもあります。

　その他の選択肢が不適切な理由は以下のとおりです。

2. サーバーログ方式は、ウェブサーバーに蓄積されるログを分析する方法です。ログをダウンロードしてパソコン内で分析する場合と、サーバーに解析ソフトをインストールして実施する場合があります。後者については「サーバーインストール方式」とも呼ばれます。

3. コンバージョンタグ方式というアクセス解析ツールは存在しません。

4. サブスクリプション方式というアクセス解析ツールは存在しません。

問 4-11 の解答：2

　MA は、ルールやシナリオに沿った各種マーケティング活動の自動化・省力化ができるツールです。MA を使うことで、問題文のようなメールの自動化を構築できます。

　その他の選択肢が不適切な理由は以下のとおりです。

1. SFA とは、企業内の商談活動を記録・可視化するためのプラットフォームです。多くの場合、取引先企業や担当者の連絡先・納品情報といった顧客情報を管理する機能（CRM）も備えています。

3. Google タグマネージャーとは、Google が提供している無料のタグマネジメントツールです。

4. Google Search Console とは、Google 検索でのパフォーマンスと検索に関わる情報を知ることができる、Google が提供している無料のツールです。

問 4-12

あなたは、ウェブサイトのアクセス解析に従事しています。1人のユーザーがパソコンとスマートフォンでウェブサイトに訪問したときに、同じユーザーであることを判別して解析したいと考えています。実現するための手法として最も適切なものを選びなさい。

1. ウェブサイト全体を SSL 対応する。

2. ソーシャルログインのログイン情報を解析ツールに紐づける。

3. ITP（Intelligent Tracking Prevention）の機能を使ってユーザーを紐づける。

4. Measurement Protocol（メジャーメントプロトコル）でデータ送信する。

Reference　　　　　　　　　　　　　　　　　　　　　　公式テキスト参照

4-6-1　マルチデバイス解析

問 4-12 の解答：2

　ソーシャルログインを行ったログイン情報を、GA4 と紐づけることによって、1 人のユーザー行動を異なるデバイスを横断して分析することが可能になります。

　その他の選択肢が不適切な理由は以下のとおりです。

1. SSL 対応は、インターネット上での送受信を暗号化する仕組みです。

3. ITP は、Apple が導入したファーストパーティ Cookie およびサードパーティ Cookie の活用を制限する技術です。

4. Measurement Protocol は、JavaScript を用いなくても、仕様に沿った HTTP リクエストを作ることで、ウェブブラウザを介さずに GA4 に直接データを送信できる機能です。

問 4-13

あなたはウェブ解析士として様々な業種・サイトのクライアントを支援しています。クライアントのビジネスモデルを理解し、ウェブ解析を設計し、アクセス解析ツールの導入からコンバージョン設計まで対応しています。次に挙げる MELSA モデルごとのコンバージョン設計に関する説明のうち、最も適切なものを選びなさい。

1. メディアモデルのコンバージョンの例には、ページビュー数をコンバージョンとして測定することで、過去のページビュー数と比較して、その増減で評価を行うことがある。
2. スマートフォンアプリではアプリ内課金が最も重要なコンバージョンなので、ダウンロード数は重要ではない。
3. リードジェネレーションサイトにおいては、ウェブサイト上のコンバージョンを測定すれば、施策の検証や改善が十分可能になる。
4. サポートページの満足率・不満率を計測するためには、GA4 のイベントでページスクロールを設定する。

Reference 公式テキスト参照

4-7 MELSA モデルごとのコンバージョンの設計

問 4-13 の解答：1

　メディアモデルの広告事業で収益化する場合、メディアとしての魅力を表すページビュー数やMAUなどの指標が重要です。例えば、ページビュー数をコンバージョンとして測定することで、過去のページビュー数と比較して、その増減で評価を行うことができます。

　その他の選択肢が不適切な理由は以下のとおりです。

2. スマートフォンアプリでのコンバージョンは、アプリをまずダウンロードしてもらわなければならないので、ダウンロード数も重要な指標になります。

3. リードジェネレーションサイトにおいては、ウェブサイト上のコンバージョン測定だけでは不十分で、その後の商談数・受注数や、電話での問い合わせ件数なども測定します。

4. サポートページの満足率・不満率は、GA4でスクロール計測しただけでは集計することができません。サポートページに満足度に関するボタンを設置して集計します。

問 4-14

あなたは、事業会社のウェブ担当者です。複数のウェブマーケティング施策を同時期に実施するために準備を進めています。施策の目的はウェブサイト上でのコンバージョン（お問い合わせ）獲得です。どの施策がコンバージョンに貢献しているのかを可視化するために、あなたがやるべきこととして、最も適切なものを選びなさい。

1. 施策で使用する URL にパラメータを付与して GA4 で計測できるようにする。

2. Google Search Console に登録して Google 検索のデータを取得する。

3. Google トレンドで主要キーワードの検索トレンドを調査する。

4. Google タグマネージャーで GA4 のカスタムイベントを設定する。

Reference 公式テキスト参照

4-3-2 パラメータの概要

問 4-14 の解答：1

　コンバージョンに貢献している施策を可視化するためには、ユーザーをウェブサイトへ流入させた際に、どの施策経由だったのかを判別する必要があります。

　「utm_source」「utm_medium」「utm_campaign」などのパラメータを施策ごとに付与することで、どの施策経由で来訪したユーザーがコンバージョンしたのかを計測できます。

　その他の選択肢が不適切な理由は以下のとおりです。

2. Google Search Console は、Google 検索でのパフォーマンスを確認するツールです。施策別のコンバージョン獲得経路は解析できません。

3. Google トレンドは、Google 検索におけるキーワードの検索需要の推移を確認できるツールです。特定のウェブサイトのアクセスを解析することはできません。

4. Google タグマネージャーは、Google が提供している無料のタグマネジメントツールです。GA4 のカスタムイベントを設定しただけでは、施策別の流入経路は正確には解析できません。

問 4-15

あなたは BtoB モデルの企業に勤めるマーケティング担当者です。資料請求フォームで獲得したリードの管理やメルマガ配信の対応に工数がかかっており、改善したいと考えています。この課題を解決するために調査したあなたは、マーケティングオートメーション（MA）ツールがよいと判断しました。この課題を解決できる機能として、最も適切なものを選びなさい。

1. リードジェネレーション
2. リードナーチャリング
3. リードクオリフィケーション
4. リードトスアップ

Reference　　　　　　　　　　　　　　　　　　公式テキスト参照

4-5-1　MA とは

問 4-16

あなたは GA4 の設定に関して、拡張計測機能を有効にしました。拡張計測機能で収集されるイベントとして、最も適切なものを選びなさい。

1. ページの 50% までスクロールされた回数
2. ウェブサイトに設置している .pdf ファイルのダウンロード数
3. ウェブサイトの電話番号がクリックされた回数
4. Google 広告からの流入数

Reference　　　　　　　　　　　　　　　　　　公式テキスト参照

4-4-4　イベントとコンバージョン設定

問 4-15 の解答：2

　リードナーチャリングとは、獲得したリード・見込み客を育成し、営業がアプローチできる状態へと導いていくために施策を実施していくことです。MA にはリードナーチャリングを助ける様々な機能が備わっています。そのうちの 1 つに、メルマガ配信の機能もあります。リードを業種やリード獲得経路などで分類して、分類ごとに自動的に別々のメールを送信したり、メールに設置したリンクをクリックしたリードには別メールを送信するといったことも可能です。

　その他の選択肢が不適切な理由は以下のとおりです。

1. リードジェネレーションは、リードを獲得するための機能です。
3. リードクオリフィケーションは、成約確度の高そうなリードを絞って抽出する機能です。
4. MA には、リードトスアップという機能はありません。

問 4-16 の解答：2

　GA4 では、拡張計測機能を有効にすることで、拡張子「.pdf」のファイルがクリックされた回数が計測されるようになります。

　その他の選択肢が不適切な理由は以下のとおりです。

1. 拡張計測機能を有効にすることで、ページの 90% までスクロールされた回数は計測されますが、50% までスクロールされた回数は計測されません。別途、設定が必要です。
3. 電話番号がクリックされた回数を計測するには、カスタムイベントの作成が必要です。
4. Google 広告からの流入数を計測するには、GA4 と Google 広告を連携させるか、Google 広告の最終ページ URL に utm パラメータを付与する必要があります。

問 4-17

あなたは、リードジェネレーションサイトを運営しています。リードジェネレーションサイトにおけるコンバージョン設定として最も適切なものを選びなさい。

1. サポートページ満足率・不満率
2. サブスクリプションの新規申し込み件数
3. 電話での問い合わせ数
4. 自社メディアのページビュー数

Reference　　　　　　　　　　　　　　　　　　　　公式テキスト参照
4-7-3　リードジェネレーションモデルのコンバージョンの設計

問 4-18

あなたはマーケティング担当として、自社サイトへの流入を増やしたいと考えています。まずは現状を知るために、「Google検索にどのくらい表示されているのか」「Google検索でどのようなキーワードで検索されて自社サイトに流入してきているのか」を解析することにしました。あなたが選ぶべきツールとして最も適切なものを選びなさい。

1. Google トレンド
2. GA4
3. マーケティングオートメーション
4. Google Search Console

Reference　　　　　　　　　　　　　　　　　　　　公式テキスト参照
4-3-3　Google Search Console の概要

問 4-17 の解答：3

　リードジェネレーションが目的の BtoB、弁護士事務所、リフォーム業などは電話での
お問い合わせが多い場合があり、電話ボタンのクリック計測やコールトラッキング
システムを利用して、電話お問い合わせもコンバージョンとして設定します。
　その他の選択肢が不適切な理由は以下のとおりです。

1. サポートページ満足率・不満率は、サポートモデルのコンバージョンに適しています。
2. サブスクリプションの新規申し込み件数は、アクティブユーザーモデルのコンバー
   ジョンに適しています。
4. 自社メディアのページビュー数は、メディアモデルのコンバージョンに適してい
   ます。

問 4-18 の解答：4

　Google Search Console は、ユーザーの検索ワード・検索ワードごとのクリック数・
平均掲載順位などを確認できる Google が提供している無料のツールです。
　その他の選択肢が不適切な理由は以下のとおりです。

1. Google トレンドは、指定した検索ワードが、過去、どれくらい、どの地域から検
   索されているかを相対的に把握できるツールです。
2. GA4 は、Google が提供しているアクセス解析ツールです。
3. マーケティングオートメーションは、ルールやシナリオに沿った各種マーケティン
   グ活動の自動化・省力化ができるツールです。

第5章

インプレッションの解析

公式テキストの第5章からは、ウェブサイトに訪問する前にユーザーが訪れたメディアの表示回数、インプレッションについて出題されます。

問5-1

あなたは、クライアントに「広告のインプレッション」について解説しなければいけません。次の解説文のうち、最も適切なものを選びなさい。

1. インプレッションは認知であるため、すでにサイトに訪問したことがあるユーザーに広告を配信しても無意味である。
2. ディスプレイ広告、ソーシャルメディア広告などは、同じユーザーに数回情報を届けるので、効果が悪くて改善できる余地がない。
3. ウェブページ上に広告を表示している場合、ページビュー数とインプレッション数は一致する。
4. 広告のインプレッション数測定には、「リクエストベース」と「OTS（Opportunity To See）ベース」の2つの方法がある。

Reference　　　　　　　　　　　　　　　　　　　公式テキスト参照

5-2-1 広告のインプレッション効果

問 5-1 の解答：4

　広告のインプレッション数測定には、「リクエストベース」と「OTS ベース」の 2 つの方法があります。

● **リクエストベース**

　アドサーバーへのアドリクエスト回数を、インプレッション数としてカウントする方法で、多くのアドサーバーで採用されています。

● **OTS ベース**

　「よりユーザーの視聴に近いところでカウントする」という考え方で、「ビーコンカウント」が実現例として挙げられます。

　ビーコンカウントは、1 × 1 ピクセル透過 GIF のリクエストなどの「ビーコン」を広告に含めて配信し、アドサーバーはビーコンのリクエスト回数をインプレッション数としてカウントします。

　その他の選択肢が不適切な理由は以下のとおりです。

1. 自社サイトに訪問したユーザーをターゲットする方法はリターゲティング（リマーケティング）といいます。例えば広告を使ってセール情報を案内すれば、ユーザーが再度サイトに訪問する可能性が高いです。
2. フリークエンシーの設定でコントロールすれば、ユーザーに飽きられたり嫌がられたりする可能性を低めにできて、効果改善につながります。
3. ウェブページ上に広告を表示している場合、ページビュー数とインプレッション数は異なります。ページビュー数は測定対象の「ページを表示した回数」を示すのに対し、インプレッション数は測定対象の「広告を表示した回数」を指します。

問 5-2

あなたは、オーガニック検索におけるキーワード分析に着手しています。キーワードを Google が提唱する「Know」「Do」「Buy」「Go」クエリに分類します。次のうち、「Do クエリ」として分類するのに最も適切なものを選びなさい。

1. 近くのドラッグストア
2. 髪に良いシャンプーの成分
3. 髪を傷めない洗い方
4. おすすめ シャンプー 通販

Reference　　　　　　　　　　　　　　　　　公式テキスト参照

5-4-5　クエリのグルーピング

問 5-3

あなたは、ディスプレイ広告を配信して認知拡大を計画しています。ユーザーの現在地や使用しているデバイスなどをターゲティングして配信したいと考えています。このとき、選ぶべきターゲティングとして最も適切なものを選びなさい。

1. リターゲティング
2. ユーザー属性でのターゲティング
3. ユーザー環境でのターゲティング
4. コンテンツターゲティング

Reference　　　　　　　　　　　　　　　　　公式テキスト参照

5-2-3　ディスプレイ広告のインプレッションの管理

問 5-2 の解答：3

Google が提唱するクエリ分類として、「Know / Do / Buy / Go」という 4 つのクエリがあります。Do クエリは、行動してみるときのクエリで、「●●をやってみたい」というインテント（意図・ニーズ）があるクエリです。「髪を傷めない洗い方」は「髪を傷めずに洗いたい」というインテントのため、Do クエリに該当します。

その他の選択肢が不適切な理由は以下のとおりです。

1. 「近くのドラッグストア」は、Go クエリに該当します。Go クエリは案内型のクエリで、「●●へ行きたい」というインテントのあるクエリです。
2. 「髪に良いシャンプーの成分」は、Know クエリに該当します。Know クエリは情報収集のためのクエリで、「●●を知りたい」というインテントのあるクエリです。
4. 「おすすめ シャンプー 通販」は、Buy クエリに該当します。Buy クエリは取引行動のためのクエリで、「●●を購入したい」というインテントのあるクエリです。

問 5-3 の解答：3

ユーザーの現在地、使用しているデバイスや OS などでターゲット設定する方法は、「ユーザー環境でのターゲティング」といいます。

その他の選択肢が不適切な理由は以下のとおりです。

1. リターゲティングは、自社サイトに訪問したユーザーをターゲットする方法です。リマーケティングとも呼ばれます。
2. ユーザー属性でのターゲティングは、ユーザーの性別・年齢・家族構成・年収などでターゲットする方法です。
4. コンテンツターゲティングは、広告が表示されるウェブサイトやアプリの内容に合わせてターゲットを設定する方法です。

問 5-4

あなたは広告代理店に勤務しています。クライアントに、広告の目的と期待する効果、それに対する重要視するべき指標を説明する必要があります。その組み合わせとして最も適切なものを選びなさい。

1. 商品の認知を目的としてレスポンス効果を得るために、動画再生回数を最重要指標とする。
2. 商品の認知を目的としてインプレッション効果を得るために、インプレッションを最重要指標とする。
3. 商品の購入を目的としてレスポンス効果を得るために、クリック数を最重要指標とする。
4. 商品の購入を目的としてインプレッション効果を得るために、CV を最重要指標とする。

Reference 公式テキスト参照

5-2-2 広告の目的から効果・指標を考える

問 5-4 の解答：2

　広告配信を行う際は、その目的と期待する効果、見るべき指標をきちんと整理しておきましょう。商品の認知にはインプレッション効果が有効で、見るべき指標としてはインプレッションや動画再生数などがあります。

効果	意味	指標
インプレッション効果	広告を見たユーザーが、商品やブランドを認知したり、好意を抱いたりすることで、その後の消費行動に影響を及ぼす間接的な効果	インプレッション、動画再生数、エンゲージメント
トラフィック効果	広告を見せて、サイトやランディングページに誘導する効果	クリック、CPC
レスポンス効果	広告を見たユーザーが、資料請求や申し込み、商品購入を行うなど、直接的な行動を促す効果	CV、CPA、売上、ROAS

　その他の選択肢が不適切な理由は以下のとおりです。

1. 商品の認知を目的とする場合は「レスポンス効果」ではなく「インプレッション効果」が適切です。
3. 商品の購入を目的としてレスポンス効果を得ることは正しいですが、指標は「クリック数」ではなく「CV、CPA、売上、ROAS」が適切です。
4. 商品の購入を目的とする場合は「インプレッション効果」ではなく「レスポンス効果」が適切です。

問 5-5

あなたは自社の保有するリストに対してメールマーケティングを行っています。メールマーケティングの成果を向上させるための施策を実施しようとしています。施策として、最も適切なものを選びなさい。

1. 不達だったメールアドレスにも、いつか受信されるはずなので継続してメール送信する。
2. メールのタイトルを工夫して開封率を上げる。
3. コンバージョン率はメール本文だけがポイントなので、メール本文を魅力的にする。
4. 配信数を増やすために、不達率を上げる。

Reference 公式テキスト参照

5-3-5 メールマーケティングの改善

5

問 5-5 の解答：2

　メールを開封するかどうかの判断は、メールのタイトルとメール本文の始まり部分に影響されます。このため、その内容を目立たせたり、開封する動機を与えたりすることが重要です。

　メールタイトルをわかりやすくしたり、記号を付けたり、用件や名前を入れて受信者に関係があることを伝えたりするなどの対策があります。

　その他の選択肢が不適切な理由は以下のとおりです。

1. 不達だったメールアドレスに、継続してメール送信しているとレピュテーションスコアが下がってしまうため、不達だったメールアドレスは配信対象から除外しましょう。
3. コンバージョン率は、メール本文だけで決まるわけではありません。配信ターゲット、件名、本文、リンク先のコンテンツなどの影響を受けます。
4. 配信数を増やすためには、不達率を上げるのではなく、下げる必要があります。

問 5-6

あなたはメールマーケティングを実施しています。コンバージョン数を、現状の36件から63件へと増やしたいと考えています。このとき、下表の改善案（A）に定めるべき目標数値として最も適切なものを選びなさい。

なお、不達率、スパム率、開封率、クリック率、コンバージョン率は変化しないと仮定します。

また、コンバージョン率は、クリック数を分母とします。

	現状	改善案
リスト数	100,000	（A）
配信数	80,000	
到達数	72,000	
開封数	7,200	
クリック数	720	
コンバージョン数	36	63
不達率	20.00%	20.00%
スパム率	10.00%	10.00%
開封率	10.00%	10.00%
クリック率	10.00%	10.00%
コンバージョン率	5.00%	5.00%

1. 6,400,000 件
2. 630,000 件
3. 175,000 件
4. 140,000 件

Reference 公式テキスト参照

5-3-4 メールマーケティングの基本的な考え方

問 5-6 の解答：3

　メールマーケティングにおいても、目標値は逆算して求めます。不達率以降の各割合はそのままであるため、次のように必要なコンバージョン数から逆算していくことでリスト数を求めます。

クリック数＝コンバージョン数÷コンバージョン率＝63÷0.05＝1,260
開封数＝クリック数÷クリック率＝1,260÷0.10＝12,600
到達数＝開封数÷開封率＝12,600÷0.10＝126,000
配信数＝到達数÷（100％－スパム率）＝126,000÷（1.00－0.10）
　　　＝140,000
リスト数＝配信数÷（100％－不達率）＝140,000÷（1.00－0.20）
　　　　＝175,000

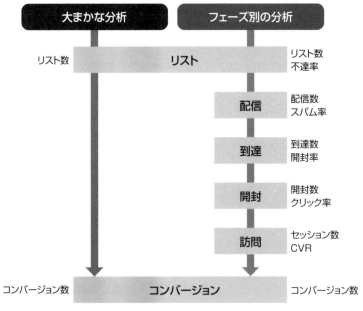

▲ メールマーケティングの流れと指標

問 5-7

あなたは SEO のために、ユーザーニーズや競合を調査しようとしています。調査方法として、最も適切なものを選びなさい。

1. Q&A サイトの掲示板で、候補となる検索キーワードで調べてみる。
2. Google 広告の「キーワードプランナー」を使って、競合サイトのコンテンツ内容を解析する。
3. Google トレンドを使って、Google 検索結果の上位 10 件を解析する。
4. Google Search Console を使って、競合サイトのインデックス状況を確認する。

Reference　　　　　　　　　　　　　　　　　　　　公式テキスト参照

5-4-3　ユーザーニーズと競合の調査

問 5-8

あなたはマーケティング担当者として SEO と MEO に力を入れています。SEO・MEO の成果を上げていくための行動として最も適切なものを選びなさい。

1. 検索順位を上げるために、「内部技術的対策」と「内部コンテンツ対策」の 2 つだけを実行する。
2. ブログ記事は執筆者が言いたいことを重視し、主張を多く盛り込み、独自の文章にする。
3. Google ビジネスプロフィールは登録さえすれば効果が出るので、登録後は定期的にインサイト情報を見るだけでよい。
4. Google ビジネスプロフィールの「投稿」機能を活用して情報発信する。

Reference　　　　　　　　　　　　　　　　　　　　公式テキスト参照

5-4　オーガニック検索におけるインプレッション効果

問 5-7 の解答：1

　　Q&A サイトは、様々なユーザーの知りたいこと、困っていることが記録されており、ユーザーの気持ちを知る有効な情報源となります。候補となる検索ワードで調べてみて、ユーザーの動向を知りましょう。

　　その他の選択肢が不適切な理由は以下のとおりです。

2. キーワードプランナーでは、キーワードの検索ボリューム、競合性、季節変動、広告配信時のコスト予測が確認できますが、競合のサイトのコンテンツまでは解析できません。
3. Google トレンドは、キーワードの検索需要の推移をチェックできる無料のツールです。Google 検索結果の上位 10 件を解析することはできません。
4. Google Search Console は、あくまでも自社サイトの状況を把握するものであり、競合の状況まではわかりません。

問 5-8 の解答：4

　　MEO は、Google ビジネスプロフィールを活用して、Google マップ内で上位表示を狙う施策です。Google ビジネスプロフィールの投稿機能を活用することで、クーポンを発行したり、自社や自店舗のイベントを紹介したりすることが可能です。投稿内で、自社ウェブサイトへの訪問や自店舗への電話などのアクションをユーザーに促すこともできます。

　　その他の選択肢が不適切な理由は以下のとおりです。

1. 「内部技術的対策」と「内部コンテンツ対策」の 2 つ以外に「外部対策」も重要です。
2. SEO で重要なことは「検索ユーザーの目線」でコンテンツを改善することです。検索するユーザーを考えずに対策を行うと、ユーザーから評価されないばかりか Google からマイナスの評価を受けてしまうこともあります。
3. Google ビジネスプロフィールは、オーナー登録しただけでは効果は見込めません。投稿機能を含め、ビジネス情報の整備や写真の掲載などの運用が必要です。

問 5-9

あなたは、実店舗のオーナーです。最近、Google ビジネスプロフィールを活用した集客施策と MEO を知って、チャレンジしようとしています。Google ビジネスプロフィールの活用方法として最も適切なものを選びなさい。

1. Google ビジネスプロフィールの情報は、Google マップ内だけに表示されるので、住所は正確に登録する。
2. クチコミに返信するとコミュニケーションに時間をとられるので、返信は不要である。
3. 投稿機能では自動生成コンテンツの投稿が可能なので、頻繁に自社情報を発信する。
4. インサイト情報を活用し、ユーザーの検索方法や検索数だけでなく、「通話数」や「ウェブサイトへのアクセス数」などのアクションを分析する。

Reference 公式テキスト参照

5-4-8 MEO

5

問 5-9 の解答：4

　Google ビジネスプロフィールのインサイト情報からは、ユーザー行動に関するアクション数を確認できます。「ウェブサイトへのアクセス数」「ルートの照会数」「通話数」などが確認でき、業種・業界によって、それぞれの重要度が異なりますが、各データの推移を見ながら状況を仮説立て、数値を改善する施策を立てることができます。

　その他の選択肢が不適切な理由は以下のとおりです。

1. Google マップだけではなく、Google の検索結果にも表示できます。Google の検索結果に表示される Google ビジネスプロフィールのリストを「ローカルパック」と呼びます。

2. クチコミには返信することが推奨されます。高評価のクチコミにはお礼を、低評価のクチコミやクレームなどには真摯な対応をすることで、クチコミと店舗側のコミュニケーションを読んだ第三者に、店舗を利用してみようかなと思わせることもできます。

3. 投稿機能では、自動生成コンテンツの投稿や、ビジネスには関係のないサイトへのリンクはポリシーで禁止されています。

問 5-10

あなたはマーケティング担当です。上司に自身が運用しているインターネット広告のレポートを作成中です。次のうち、算出すべき指標と、指標の結果が最も適切なものを選びなさい。

1. インプレッションが 100 万件、クリック数が 1,000 件、広告費用が 100,000 円の場合、CPM は 1,000 円である。
2. インプレッションが 100 万件、コンバージョンが 10 件、広告費用が 100,000 円の場合、CPA は 20,000 円である。
3. インプレッションが 100 万件、クリック数が 1,000 件、広告費用が 100,000 円の場合、CPC は 100 円である。
4. 売上が 1,000,000 円、広告費用が 400,000 円の場合、ROAS は 150% である。

Reference 公式テキスト参照

5-5 インプレッション効果の計画立案と改善

問 5-10 の解答：3

CPCは、「Cost Per Click」の略で、クリック1回あたりの広告費用のことです。

CPC＝広告費用（円）÷クリック数

    ＝100,000円÷1,000

    ＝100円

その他の選択肢が不適切な理由は以下のとおりです。

1. CPMは「Cost Per Mille」の略で、広告表示1,000回あたりにかかる費用のことです。

CPM＝広告費用（円）÷インプレッション数×1,000

    ＝100,000円÷1,000,000×1,000

    ＝100円

2. CPAは「Cost Per Acquisition」の略で、獲得1件あたりの広告費用のことです。

CPA＝広告費用（円）÷コンバージョン数

    ＝100,000円÷10

    ＝10,000円

4. ROASは「Return On Advertising Spend」の略で、広告の費用対効果を表します。

ROAS＝売上÷広告費用×100（%）

    ＝1,000,000円÷400,000円×100

    ＝250%

問 5-11

あなたは、検索連動型広告を運用しています。先週1週間のキーワードAのパフォーマンスは下表のとおりでした。あなたはキーワードAのCVRを算出しようとしています。計算式として最も適切なものを選びなさい。

	広告費用	インプレッション数	クリック数	コンバージョン数
キーワードA	¥50,000	100,000	5,000	10

1. クリック数÷インプレッション数×100（%）

2. 広告費用÷コンバージョン数（円）

3. 広告費用÷クリック数（円）

4. コンバージョン数÷クリック数×100（%）

Reference　　　　　　　　　　　　　　　　　　　　　公式テキスト参照

5-5 インプレッション効果の計画立案と改善

問 5-11 の解答：4

　CVR は「Conversion Rate」の略で、コンバージョン率ともいいます。クリック数のうち、コンバージョンを達成した数の割合を指し、次の計算式を用いて算出します。

　CVR ＝ コンバージョン数 ÷ クリック数 × 100

　その他の選択肢が不適切な理由は以下のとおりです。

1. 「クリック数 ÷ インプレッション数 × 100」で計算されるのは、CTR（クリック率）です。
2. 「広告費用 ÷ コンバージョン数」で計算されるのは、CPA（顧客獲得単価）です。
3. 「広告費用 ÷ クリック数」で計算されるのは、CPC（クリック単価）です。

問 5-12

あなたは、BtoB モデルのウェブサイトの運営担当者です。2 種類の広告施策を実施した結果が下表のとおりでした。この結果の考察として最も適切なものを選びなさい。

なお、売上は契約数 × 客単価、広告費用はセッション × CPC を用いることにします。

	広告 A	広告 B
セッション	80,000	16,000
資料請求数	800	200
商談数	80	50
契約数	20	25
客単価	¥100,000	¥100,000
CPC	¥40	¥90

1. 収支（売上 − 費用）は広告 A のほうがよい。

2. 広告の合計収支は赤字だが、広告 B の CPC を 80 円に下げることができれば合計収支は黒字になる。

3. 広告 A の商談率を 15% にすれば、広告 A の収支は黒字になる。

4. 広告 A は、広告 B よりも売上が大きい。

Reference　　　　　　　　　　　　　　　　　　　　公式テキスト参照

5-5　インプレッション効果の計画立案と改善

	広告 A	広告 B	広告 A 商談率改善	広告 B CPC 改善
セッション	80,000	16,000	80,000	16,000
問い合わせ数	800	200	800	200
商談数	80	50	120	50
商談率	10%	25%	15%	25%
契約数	20	25	30	25
客単価	¥100,000	¥100,000	¥100,000	¥100,000
売上	¥2,000,000	¥2,500,000	¥3,000,000	¥2,500,000
CPC	¥40	¥90	¥40	¥80
広告費	¥3,200,000	¥1,440,000	¥3,200,000	¥1,280,000
収支	△¥1,200,000	¥1,060,000	△¥200,000	¥1,220,000

　現状の広告の合計収支は「－ 120 万円＋ 106 万円＝－ 14 万円」と赤字になりますが、広告 B の CPC を 80 円に下げることができれば合計収支は「－ 120 万円＋ 122 万円＝ 2 万円」と黒字になります。

　その他の選択肢が不適切な理由は以下のとおりです。

1. 広告 A と広告 B では、収支は広告 B のほうがよいです。

3. 広告 A の商談率を 15% に改善した場合、受注率は 25% なので、契約数は 30 件まで増えます。しかし、広告 A の収支は－ 20 万円と赤字になります。

4. 広告 B のほうが、広告 A よりも売上が 50 万円多いです。

問 5-13

あなたは、オーガニック検索でのインプレッションを増やしたいと考え、勉強中の身です。インプレッションを増やすための説明として最も適切なものを選びなさい。

1. SEO には、検索連動型広告への出稿が必須である。
2. オーガニック検索結果のクリックは課金されないため、クリック数は重要な指標にならない。
3. オーガニック検索でのインプレッションを増やす施策としては、SEO と MEO がある。
4. Google のアルゴリズムは安定的で、検索アルゴリズムの変更リリースがほぼない。

Reference 公式テキスト参照

5-4 オーガニック検索におけるインプレッション効果

5

問 5-13 の解答：3

オーガニック検索でのインプレッションを増やす施策として、SEO と MEO があります。

両者とも、検索するユーザーに自分のウェブサイトや店舗を見つけてもらい、誘導するために行う施策で、検索者の意図に合わせて自社の発信情報を最適化します。

その他の選択肢が不適切な理由は以下のとおりです。

1. SEO に取り組む上で、「検索連動型広告の出稿実績」は必須ではありません。

2. オーガニック検索結果はクリックされても課金されないものの、顕在層をどれだけサイト誘導できているか、つまりクリック数は重要視するべきです。

4. Google はほぼ毎日、検索結果を改善するための変更をリリースしています。ほとんどの変更は小さいものですが、年に数回、検索アルゴリズムとシステムに重要かつ大規模な変更を加えており、これを「コアアップデート」といいます。

問 5-14

あなたは、SEOのためにキーワード分析を進めています。あなたはSEOによって「ウェブサイトからのお問い合わせを増やすこと」を目標にしています。キーワード分析の考え方として最も適切なものを選びなさい。

1. ウェブサイトに訪問実績のあるクエリすべてに対して一律で対策を講じるべきである。
2. 「お問い合わせ」に直接関連しないクエリだとしてもトラフィックを増やすために対策を講じるべきである。
3. 間接的に「お問い合わせ」に寄与するクエリが、直接「お問い合わせ」につながっていないからといって、施策を放棄するのは適切ではない。
4. 一般的に、ユーザーは1回の検索でニーズを満たしているので、直接「お問い合わせ」につながるクエリにだけ対策を講じれば十分である。

Reference 公式テキスト参照

5-4-4 キーワード分析の考え方

問 5-14 の解答：3

　一般的に、ユーザーが認知からお問い合わせまで 1 回の検索で完了することはまれで、複数回の下調べをしたのちに行動に至るものと考えられます。このため、直接「お問い合わせ」に至らなくても、興味を深めるのに重要なクエリ・間接的に「お問い合わせ」に貢献しているクエリは分析対象とします。

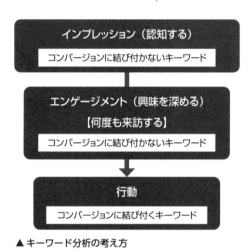

▲ キーワード分析の考え方

　その他の選択肢が不適切な理由は以下のとおりです。

1. ウェブサイトには、様々なクエリで訪問がありますが、そのすべてを一律に対策すべきではありません。なぜなら、検索者がキーワードに込めた意図（インテント）はそれぞれに異なるため、同じ検索流入であっても、お問い合わせへの結び付きやすさはクエリごとに変わるからです。
2. 問題文のケースの目標は「お問い合わせを増やすこと」です。「お問い合わせ」に関係しないクエリに対して施策を講じ、トラフィックを増やしたとしても、「お問い合わせ」につながる可能性は低いです。
4. 一般的に、ユーザーが認知からお問い合わせまで 1 回の検索で完了することはまれで、複数回の下調べをしたのちに行動に至るものと考えられます。直接「お問い合わせ」につながるクエリ以外も分析対象としましょう。

問.5-15

あなたはマーケティングチームに所属しており、検索連動型広告を配信しています。前月は 30 万円を使用して、CPA が 1 万円、CPC が 100 円でした。今月はCPA を 9,000 円に改善したいと考えています。CPC が前月と同じ 100 円のままと仮定したとき、CVR はどの程度、改善しないといけないのか、最も適切なものを選びなさい。

1. 1.00% から 1.11% へ改善
2. 1.00% から 1.50% へ改善
3. 1.50% から 1.66% へ改善
4. 1.50% から 2.00% へ改善

5

Reference　　　　　　　　　　　　　　　　　　　　　　公式テキスト参照
5-5　インプレッション効果の計画立案と改善

問 5-15 の解答：1

CPA は以下の計算式で求めることができます。

CPA ＝ CPC ÷ CVR

ここから、CVR を求めるには以下の計算式となります。

CVR ＝ CPC ÷ CPA × 100

前月の CPA 1 万円、CPC 100 円から、前月の CVR は以下のとおりです。

CVR ＝ 100 ÷ 10,000 × 100

　　　＝ 1.00%

今月の目標 CPA 9,000 円、CPC 100 円から、今月の目標 CVR は以下のとおりです。

CVR ＝ 100 ÷ 9,000 × 100

　　　＝ 1.11%

したがって、**1.** が正しいです。

問 5-16

あなたは、店舗ビジネスのオーナーに対して、集客のコンサルティングをしています。Google ビジネスプロフィールの解説として最も適切なものを選びなさい。

1. 情報改ざんを防ぐために、Google ビジネスプロフィールの情報はオーナーのみ書き換えることが可能である。
2. Google ビジネスプロフィールに設定できるウェブサイト URL にアクセスされた回数までは把握できない。
3. 投稿機能を活用することで、クーポンを発行したり、自店舗のイベントを紹介したりすることが可能。
4. ユーザーのクチコミ管理は可能だが、ユーザーがあなたのビジネスを検索した方法はわからない。

Reference　　　　　　　　　　　　　　　　　公式テキスト参照
5-4-8　MEO

問 5-17

あなたは、Google 広告を運用しています。オークション分析レポートを活用して、競合他社が自分よりも上位に掲載された割合を知りたいと思っています。このとき、見るべき指標として最も適切なものを選びなさい。

1. インプレッションシェア
2. 重複率
3. ページ上部表示率
4. 上位掲載率

Reference　　　　　　　　　　　　　　　　　公式テキスト参照
5-5-6　CPA の成果向上

問 5-16 の解答：3

Google ビジネスプロフィールには、クーポンを発行したり、自店舗のイベントを紹介したりすることができる投稿機能があります。投稿内で自社サイトへの訪問や自店舗への電話などのアクションをユーザーに促すこともできます。

その他の選択肢が不適切な理由は以下のとおりです。

1. Google ビジネスプロフィールの情報は、オーナー権限がなくても誰でも修正の提案を Google に申請することができます。
2. Google ビジネスプロフィールの「インサイト」の中にある「ウェブサイトへのアクセス」にて、ウェブサイトへアクセスした回数を確認することができます。
4. Google ビジネスプロフィールでは、「ユーザーがあなたのビジネスを検索した方法」を確認することができます。

問 5-17 の解答：4

上位掲載率とは、自分以外にもインプレッションを獲得した広告主がいたオークションで、ほかの広告主の広告が、自分のものより上位に掲載された割合を表します。

例えば、ほかの広告主の上位掲載率が 5％ と表示されている場合、その広告主と自分が同時に獲得した全インプレッションの 5％（それぞれの広告が同時に 100 回表示されたうちの 5 回）で、その広告主の広告が、自分のものより上位に掲載されたことを意味します。

その他の選択肢が不適切な理由は以下のとおりです。

1. インプレッションシェアは、実際の表示回数を、入札時に予想される表示回数の推定値で割った値です。
2. 重複率は、同じオークションで、自分とほかの広告主が同時にインプレッションを獲得した割合を表します。
3. ページ上部表示率は、自分の広告（表示している行によっては、ほかの広告主の広告）が、ページの上部（オーガニック検索結果の上）に掲載された割合です。

問 5-18

あなたは個人事業主で、とある単品商材をイーコマースで販売しています。自身でオンライン広告にチャレンジしようと勉強をし、まずは広告費 75,000 円で始めてみることにしました。広告費 75,000 円で ROAS 120% を目指します。商材の単価が 6,000 円です。この場合、ROAS 120% を達成できる運用結果として最も適切なものを選びなさい。

1. 販売個数：10
2. 販売個数：12
3. 販売個数：14
4. 販売個数：15

Reference　　　　　　　　　　　　　　　　　　　　　　公式テキスト参照

5-5-4　広告費用対効果の改善方法

問 5-18 の解答：4

　ROAS（％）は、売上÷広告費×100 で算出できます。ROAS 120% ということとは、売上÷75,000 円×100＝120 から、90,000 円の売上が必要です。商材の単価が 6,000 円なので、15 個の販売が必要です。

第6章

エンゲージメントと間接効果

公式テキストの第6章からは、永続的な事業の発展に必要なエンゲージメントと、広告の成果を正しく理解するための広告の間接効果について出題されます。

問 6-1

あなたは、事業会社のマーケティング担当です。どうすれば、自社サービスに対して顧客が「愛着を持ってくれるのか」を考えています。この状態を表すデジタルマーケティング用語として最も適切なものを選びなさい。

1. リターゲティング
2. ULSSAS モデル
3. ブランドリフト
4. エンゲージメント

Reference 公式テキスト参照

6-1-1 エンゲージメントとは

問 6-1 の解答：4

　企業や商品・ブランドなどに対してユーザーが「愛着を持っている」状態を「エンゲージメント」と呼びます。

　その他の選択肢が不適切な理由は以下のとおりです。

1. リターゲティングとは、一度ウェブサイトを訪れたユーザーに広告を表示することをいいます。
2. ULSSAS（ウルサス）モデルとは、デジタルマーケティングファームの株式会社ホットリンクが提唱する消費者行動モデルです。
3. ブランドリフトとは、サービスを認知していなかったユーザーが、ソーシャルメディアの閲覧や検索行動によって商品やサービスを知り、やがて何らかの意欲が生まれた際にそのサービスを想起し、商品を探す行為が生じることをいいます。

ユーザーと企業の関係性が築けている状態

▲ エンゲージメントを作る

問 6-2

あなたは、自社サービスを利用している顧客のロイヤルティを調査しようと、NPS（Net Promoter Score）を取り入れることにしました。NPS の解説として、最も適切なものを選びなさい。

1. オンライン、オフラインにかかわらず、サービス全体の推奨度を知ることができる。
2. インターネットの広告認知度を評価する指標である。
3. 一般社団法人日本プロモーショナル・マーケティング協会が 2019 年 6 月に提唱した最新の購買行動モデルである。
4. サービスの業績との関連性が低いのではないか、と考えられている。

Reference 公式テキスト参照

6-1-3 評価指標

6

問 6-2 の解答：1

NPS®（Net Promoter Score：ネット・プロモーター・スコア）は、ニューヨークタイムズのベストセラー作家、ビジネス戦略家のフレデリック・F. ライクヘルドが提唱した、顧客ロイヤルティ、顧客の継続利用意向を知るための指標です。ブランド、商品、サービスの業績との関連性が高く、エンゲージメントの評価指標として採用する企業や団体が増えています。

その他の選択肢が不適切な理由は以下のとおりです。

2. NPS はインターネットの広告認知度を評価する指標ではありません。
3. 一般社団法人日本プロモ ―ショナル・マーケティング協会が 2019 年 6 月に提唱した最新の購買行動モデルは、RsEsPs（レップス）モデルです。RsEsPs モデルは、どの段階においても「検索・共有・拡散」がされるということが特徴的な行動モデルです。
4. 「サービスの業績との関連性が低いのではないか」と考えられていたのは、従来の顧客満足度調査です。解約したユーザーの多くが「満足した」と答えていたり、「満足した」と回答したユーザーが優良顧客ではないことも多くありました。この問題から考えられたものが、NPS です。

問 6-3

あなたは広告代理店に勤務しています。クライアントに対して、ブランドリフト調査・サーチリフト調査について説明しようとしています。次の説明のうち、最も適切なものを選びなさい。

1. ソーシャルメディアなどでの閲覧によって商品やサービスを知り、やがて何らかの意欲が生まれた際にそのサービスを想起し、商品を探す行為が生じることをブランドリフトと呼ぶ。
2. ブランドリフトは、広告に接触したユーザーと接触していないユーザーを比較し、広告に接触しなかったユーザーの購買意欲がどれだけ向上しているかを測る指標である。
3. サーチリフトは、ディスプレイ広告や動画広告を見て、そのサービス名で検索したユーザーがコンバージョンしたスコアである。
4. ディスプレイ広告や動画広告配信後にどのくらい検索数が上昇したかは、サーチリフトでは効果検証できない。

Reference　　　　　　　　　　　　　　　　　　　　　公式テキスト参照

6-1-4　ブランドリフトとサーチリフト

問 6-3 の解答：1

　ブランドリフトとは、サービスを認知していなかったユーザーが、ソーシャルメディアの閲覧や検索行動によって商品やサービスを知り、やがて何らかの意欲が生まれた際にそのサービスを想起し、商品を探す行為が生じることをいいます。

　その他の選択肢が不適切な理由は以下のとおりです。

2. ブランドリフトは、広告に接触したユーザーが、接触していないユーザーと比較したときに、購買意欲がどれだけ向上しているかを測る指標です。

3. ディスプレイ広告や動画広告を見て認知したブランドが、検索行為につながることを「サーチリフト」と呼びます。

4. ディスプレイ広告や動画広告配信後にどのくらい検索数が上昇したかは、サーチリフト調査によって効果検証します。

問 6-4

あなたは自社商品を購入してくれている顧客に、よりファンになってもらうために、心理や行動の変化を把握する消費者行動モデルへの理解を深めようとしています。その中の１つに、認識フェーズ・体験フェーズ・購買フェーズ、どの段階においても「検索・共有・拡散」の行動がされることを提唱したモデルに共感しました。このモデルとして最も適切なものを選びなさい。

1. ULSSAS（ウルサス）モデル

2. DECAX（デキャックス）モデル

3. RsEsPs（レップス）モデル

4. VISAS（ヴィサス）モデル

Reference　　　　　　　　　　　　　　　　　　　　　公式テキスト参照

6-1-2　消費者行動モデル

RsEsPs モデルは、認識（Recognition）・体験（Experience）・購買（Purchase）のどの段階においても検索（Search）・共有（Share）・拡散（Spread）がされることが特徴です。一般社団法人日本プロモーショナル・マーケティング協会が 2019 年 6 月に提唱した購買行動モデルです。

その他の選択肢が不適切な理由は以下のとおりです。

1. ULSSAS モデルは、UGC（ユーザー投稿コンテンツ）、Like（いいね！・リポスト）、Search1（SNS 検索）、Search2（検索エンジン）、Action（行動）、Spread（拡散）の頭文字をとったもので、デジタルマーケティングファームである株式会社ホットリンクが提唱する消費者行動モデルです。

2. DECAX モデルは、Discovery（発見）、Engage（関係構築）、Check（確認）、Action（購買）、eXperience（体験と共有）の頭文字をとったもので、電通デジタル・ホールディングス（当時）の内藤敦之氏によって考案された消費者行動モデルです。

4. VISAS モデルは、Viral（クチコミ）、Influence（影響）、Sympathy（共感）、Action（行動）、Share（共有）の頭文字をとったもので、ソーシャルメディアを通じてどのように消費者に影響を与えるかをモデリングしたものです。2010 年に IT ビジネスアナリストの大元隆志氏が提唱した消費者行動モデルです。

問 6-5

あなたは、事業会社に勤務し、広告運用を担当しています。広告の間接効果を測るためにビュースルーコンバージョンの計測を取り入れようとしています。ビュースルーコンバージョンの説明として最も適切なものを選びなさい。

1. 広告をクリックしてサイトに訪問し、コンバージョンせずに離脱したのち、別の流入から訪問してコンバージョンした。
2. 広告をクリックしなくても、広告を見た後、広告以外の経路からサイトに訪問し、コンバージョンした。
3. コンバージョンが発生した際、そのコンバージョンの発生に貢献した広告や媒体は何かを分析すること。
4. コンバージョンに至る前に経由したすべてのチャネルに均等に貢献度を割り当てること。

Reference 公式テキスト参照

6-2-2 広告の間接効果の種類

問 6-5 の解答：2

　ビュースルーコンバージョンは、広告を見たもののクリックせず、検索などによって来訪してコンバージョンにつながったものを評価します。
　その他の選択肢が不適切な理由は以下のとおりです。

1. 広告をクリックしてサイトに訪問し、コンバージョンせずに離脱したのち、別の流入から訪問してコンバージョンすることは「アシストコンバージョン」です。

3. コンバージョンが発生した際、そのコンバージョンの発生に貢献した広告や媒体は何かを分析することは「アトリビューション分析」です。

4. コンバージョンに至る前に経由したすべてのチャネルに均等に貢献度を割り当てることは、アトリビューション分析におけるモデルのうち、「線形モデル」のことです。

問 6-6

あなたは、事業会社に勤務し、広告運用を担当しています。新規顧客開拓のための広告手法を探しています。可能であれば、既存の顧客と似たようなユーザーに広告表示して、お問い合わせを獲得したいと考えています。このとき、あなたが選ぶべき広告手法として最も適切なものを選びなさい。

1. DSA（Dynamic Search Ads）
2. 類似ユーザー配信
3. 動的リマーケティング
4. カスタマーマッチ

Reference 公式テキスト参照

6-2-4 データを活用した広告でエンゲージメントを高める

6

問 6-6 の解答：2

　類似ユーザー配信は、ディスプレイ広告やソーシャルメディア広告などで主に活用されるターゲティング方法です。

　既存のユーザーリストから生成される類似ユーザーリストを使ってターゲティングします。類似ユーザーリストは、既存のユーザーリストと似たような特性、興味・関心を持っているユーザー群で、既存の顧客と類似した新規顧客を開拓することが期待できます。

　その他の選択肢が不適切な理由は以下のとおりです。

1. DSA とは、動的検索広告とも呼ばれ、ウェブサイトのページ内容（コンテンツ）をもとに自動的に広告を出稿する方法です。
3. 動的リマーケティングとは、データフィールドとユーザーリストの両方を活用したディスプレイ広告で、過去にサイトで閲覧した商品やサービスを含む広告を表示することができます。
4. カスタマーマッチとは、Google 広告のターゲティング手法の 1 つで、顧客データ（メールアドレス）をアップロードし、広告のターゲットに活用する手法です。配信先は、Google 検索・Google ショッピング・YouTube・Gmail です。ディスプレイネットワークにおけるサードパーティのサイトには配信できません。

問 6-7

あなたが勤めている企業で初めてソーシャルメディアを活用する案が出てきました。あなたは有名なソーシャルメディアを 4 つのタイプで整理しようとしています。4 つのタイプとその説明の組み合わせとして、最も適切なものを選びなさい。

1. ソーシャルグラフ：タイムライン上で流れるリアルタイム性に価値のあるメディア
2. インタレストグラフ：同じ趣味嗜好のつながりを楽しむためのメディア
3. フロー型：過去の情報を蓄積し、いつでも閲覧できることに価値があるメディア
4. ストック型：友人とのつながりを楽しむために使われるメディア

Reference 公式テキスト参照

6-3-1 ビジネスにおけるソーシャルメディアの利用方法

6

問 6-8

あなたはソーシャルメディアの情報をまとめたブログ記事を執筆しようとしています。次に挙げるソーシャルメディアの特徴のうち、最も適切なものを選びなさい。

1. X はプロアカウントに変更しないとアナリティクス機能を利用することができない。
2. Instagram をビジネス利用する場合はページを作成して運用することが望ましい。
3. Facebook は世界的に見ると最も利用者数が多いソーシャルメディアである。
4. TikTok は、長尺の動画を投稿するメディアである。

Reference 公式テキスト参照

6-3-2 主要なソーシャルメディアと各メディアの特性

問 6-7 の解答：2

インタレストグラフは、同じ趣味嗜好のつながりを楽しむためのメディアを指します。X や YouTube が該当します。

その他の選択肢が不適切な理由は以下のとおりです。

1. ソーシャルグラフは、友人とのつながりを楽しむために使われるメディアを指します。Facebook や LINE が該当します。
3. フロー型は、タイムライン上で流れるリアルタイム性に価値のあるメディアを指します。X や Instagram が該当します。
4. ストック型は、過去の情報を蓄積し、いつでも閲覧できることに価値があるメディアを指します。YouTube や LINE が該当します。

タイプ	内容
ソーシャルグラフ	友人とのつながりを楽しむために使われる
インタレストグラフ	同じ趣味嗜好のつながりを楽しむために使われる
フロー型	タイムライン上で流れるようなリアルタイム性に価値がある
ストック型	過去の情報を蓄積し、いつでも閲覧できることに価値がある

問 6-8 の解答：3

Facebook のユーザー数は、グローバルで 29 億人（2023 年 2 月時点）となっており、最もユーザー数が多いソーシャルメディアです。

その他の選択肢が不適切な理由は以下のとおりです。

1. プロアカウントに変更しないとアナリティクス機能を利用できないのは、Instagram です。X は通常のアカウントを開設すればアナリティクスを利用できます。
2. ページを作成して運用するのは、Facebook です。
4. TikTok は、短く繰り返される動画を投稿するメディアです。

問 6-9

あなたは、マーケティング担当として Facebook で投稿をしてきました。最近の投稿（エントリー）ごとのエンゲージメントは下表のとおりです。エンゲージメント率を計算した結果からわかることとして、最も適切なものを選びなさい。

日付	エントリー	リーチ数	いいね！数	クリック数	シェア数
2/10	(A)	2,000	120	10	20
2/15	(B)	200	80	10	20
2/18	(C)	200	5	1	0
2/21	(D)	500	10	0	10

1. （A）は、エンゲージメント率が1番高い。

2. （B）は、エンゲージメント率が高いにもかかわらずリーチ数が低いため、公開範囲を限定している可能性がある。

3. （C）は、エンゲージメント率が4％なので、ユーザーの関心が低い可能性がある。

4. （D）は、エンゲージメント率が2％なので、クリックを誘導するリンクを強化すべきである。

Reference 公式テキスト参照

6-4-1 ソーシャルメディアに関する指標

問 6-9 の解答：2

　　Facebookにおけるエンゲージメント率は、「すべてのアクション（いいね！＋クリック数＋シェア数）÷リーチ数」で求められます。

　　それぞれのエントリーのエンゲージメント率を求めてみましょう。

　（A）（120 ＋ 10 ＋ 20）÷ 2,000 ＝ 0.075 ＝ 7.5%
　（B）（80 ＋ 10 ＋ 20）÷ 200 ＝ 0.55 ＝ 55.0%
　（C）（5 ＋ 1 ＋ 0）÷ 200 ＝ 0.03 ＝ 3.0%
　（D）（10 ＋ 0 ＋ 10）÷ 500 ＝ 0.04 ＝ 4.0%

　　以上の結果から、（B）はエンゲージメント率が高いですが、リーチが伸びていないため、公開範囲が限定されている可能性があります。

　　その他の選択肢が不適切な理由は以下のとおりです。

1.（A）のエンゲージメント率は 7.5% なので、2 番目の高さです。

3.（C）のエンゲージメント率は、4% ではなく 3% です。

4.（D）のエンゲージメント率は、2% ではなく 4% です。

問 6-10

あなたは事業会社のマーケティング担当です。初めてソーシャルメディアを運用しようとしています。ソーシャルメディアの運用について、最も適切なものを選びなさい。

1. ソーシャルメディアにおいては、どのようなコンテンツが高いインプレッションやエンゲージメントを得たかは重要ではない。
2. ソーシャルメディアを活用し商品・サービス・企業のブランド名を認知してもらうためには、アカウントのアイコンや名前の視認性が大切な要素の１つである。
3. ブランディング目的でソーシャルメディアを運用する場合、商品の紹介やクーポンの発行のようなコンバージョンに直接寄与させる投稿も必要になる。
4. ブランディング目的でソーシャルメディアを運用する場合、運営企業が発信するコンテンツの方針をしっかり定めれば問題ない。

Reference 公式テキスト参照

6-5-3　運用目的と注意点

6

問 6-10 の解答：2

　ソーシャルメディアのアカウントのアイコンや名前にも認知効果はあるので、できるだけ視認性を高めるのがポイントです。

　その他の選択肢が不適切な理由は以下のとおりです。

1. 今後に活かすために、どのようなコンテンツが高いインプレッションやエンゲージメントを得たかを分析することは重要です。
3. 商品の紹介やクーポンの発行のようなコンバージョンに直接寄与させる投稿も必要になるのは、ブランディング目的ではなく、コンバージョン目的です。
4. 「どう思ってほしいのか」に基づいて、コンテンツのみならず、返信・いいね！・ユーザーのコンテンツシェアなどの方針を定めることが大切です。

問 6-11

あなたは、BtoB のマーケティング担当です。Facebook 広告・Instagram 広告の配信を検討しており、勉強中です。Facebook 広告・Instagram 広告に関する次の説明のうち、最も適切なものを選びなさい。

1. Facebook 広告は、画像がなくても配信できる。

2. Instagram 広告にハッシュタグを付けると、ハッシュタグの検索結果に広告が掲載される。

3. 複数の画像・動画を横にスライドさせる広告「カルーセル広告」は、1 つの広告で最大 10 件の画像や動画を表示できる。

4. Facebook 広告のカスタムオーディエンスは類似オーディエンス等をもとに作成することができる。

Reference 公式テキスト参照

6-5-4 ソーシャルメディア広告の管理

問 6-11 の解答：3

　カルーセル広告では、最大 10 件の画像や動画を設定でき、それぞれ別のリンク先も設定できます。

　その他の選択肢が不適切な理由は以下のとおりです。

1. Facebook 広告には様々なタイプがありますが、いずれも画像か動画が必要です。

2. ハッシュタグの検索結果に広告が掲載されることはありません。

4. 類似オーディエンスが、カスタムオーディエンスをもとに作成します。

問 6-12

あなたの企業は、初めてインフルエンサーマーケティングに取り組もうとしています。インフルエンサーを起用する上で注意すべきこととして、次のうち、最も適切なものを選びなさい。

1. インフルエンサーに投稿してもらうとき、「広告であること」だけ明示しなければいけない。
2. インフルエンサーが誤った投稿をしないように、事細かに発信内容を指定したほうがよい。
3. スケジュールを優先すべきなので、スケジュール調整しやすいインフルエンサーに協力を依頼すべき。
4. インフルエンサー自身が興味を持てない・そのファンに関心を持たせることができないような商品・キャンペーンはやめるべき。

Reference 公式テキスト参照

6-6-3 インフルエンサーマーケティング

　インフルエンサーとは、多くの人々の購買や行動に影響を与える個人です。インフルエンサー自身が、その商品やキャンペーンを魅力的に伝えられることが重要です。インフルエンサーが興味を持てないことや、そのファンに関心を持たせることが難しい商品・キャンペーンを依頼しても、十分な効果を得られないばかりか、協力を断られるケースもあります。

　その他の選択肢が不適切な理由は以下のとおりです。

1. 「広告であること」だけではなく「依頼した広告主」も明示が必要です。
2. 発信内容を指定しないほうがよいです。インフルエンサーにとっては、そのファンとのエンゲージメントが最も大事です。そのため、インフルエンサーのブランディングやスタンスに合わせて商品やサービスを取り上げないと、当人のブランド価値を損ねる可能性があります。
3. スケジュールも大事かもしれませんが、インフルエンサーマーケティングは、狙ったターゲットに対して影響力が強いインフルエンサーに、商品やキャンペーンの発信を依頼することが重要です。

問 6-13

あなたは、マーケティング活動に動画を活用しています。動画の効果・エンゲージメントを改善したいと考えています。あなたがとるべき行動として、最も適切なものを選びなさい。

1. 動画はどのメディアであっても、最適な再生時間は 30 秒なので、30 秒動画をたくさん制作する。

2. 動画をどのくらいの割合まで視聴し続けたかを測ることはできないので、とにかく動画をたくさん制作する。

3. 「いいね！」や「コメント」などでエンゲージメントするだけではなく、「真似」や「遊ぶ」などの UGC を意識する。

4. YouTube のチャンネル登録・購読者数を増やしても意味がないので、別の指標に注力する。

Reference　　　　　　　　　　　　　　　　　　　　　　　公式テキスト参照
6-7-3　動画のエンゲージメントを改善する

　例えば、TikTok に代表される動画プラットフォームは、ユーザーが視聴して「いいね！」や「コメント」などでエンゲージメントするのみならず、「真似」や「遊ぶ」など、ユーザーが一緒に参加するようになってきました。こうしたプラットフォームでは、これまで以上に能動的なアクションをユーザーから引き出すことが可能となり、より強いブランド体験が生まれています。

　その他の選択肢が不適切な理由は以下のとおりです。

1. 動画メディアには、長時間再生可能なメディア、短時間再生のメディアがあり、一律で 30 秒がよいとは言い切れません。動画の目的と動画メディアに合わせて、最適な動画の再生時間を調整するべきです。
2. 動画の解析においては、平均再生率を見ることで、動画ごとにどれぐらいの割合まで動画を視聴し続けたかを確認できます。さらに、動画ごとの視聴者維持率では、動画においてどこで離脱しているかを把握することも可能です。これらのデータをもとに、動画を改善していくことが大切です。
4. チャンネルの購読者は、非購読者に比べて高い頻度で視聴する傾向が強いため、購読者を増やすことで動画が視聴されやすくなり、エンゲージメント向上も期待できます。なお、チャンネル更新時には通知も届きます。

問 6-14

あなたは、マーケティング担当です。動画を活用して認知を広げようと、初めて YouTube 広告を検討しています。YouTube 広告に関する次の紹介文のうち、最も適切なものを選びなさい。

1. スキップ可能なインストリーム広告は広告が 6 秒間再生された後、広告をスキップするか残りの部分を見るかをユーザーが選択できる。
2. 平均広告視聴単価はユーザーが動画広告を 15 秒間（広告が 15 秒未満の場合は最後まで）視聴したか、動画広告にエンゲージメント操作を行ったとき、広告主が支払う平均金額である。
3. バンパー広告は最長 15 秒のスキップ不可の動画広告である。
4. YouTube 広告は広告のリンク先としてウェブサイトを指定することも、YouTube チャンネルへの登録を促すこともできる。

Reference 公式テキスト参照

6-7-4 動画広告

問 6-15

あなたは、顧客とのコミュニケーション手段としてチャットの導入を検討しています。チャットの特徴として、最も適切なものを選びなさい。

1. コンバージョンに至らなかった顧客にとっては、チャットによる対応の効果は何もない。
2. チャットサポートシステムは非常に有用であるが、有料のツールしか存在しない。
3. チャット機能はメディアごとに個別に作成して実装する必要がある。
4. チャット支援サービスを利用することで、サポートコストが軽減できる。

Reference 公式テキスト参照

6-8 チャットの種類とツール

問 6-14 の解答：4

　YouTube 広告では、広告のリンク先としてウェブサイトを指定することも、YouTube チャンネルへの登録を促すこともできます。

　その他の選択肢が不適切な理由は以下のとおりです。

1. スキップ可能なインストリーム広告は広告が 5 秒間再生された後、広告をスキップするか否かを選択できます。
2. 平均広告視聴単価は、ユーザーが動画広告を 30 秒間（広告が 30 秒未満の場合は最後まで）視聴したか、動画広告にエンゲージメント操作を行ったとき、広告主が支払う平均金額です。
3. バンパー広告は、最長 6 秒のスキップ不可の動画広告です。

問 6-15 の解答：4

　チャット支援サービスを利用することで、担当間で情報共有し、対応の分担や、回答の自動化をできるようになります。これによって、情報を探せなかった顧客の電話やメールでの問い合わせが減るため、サポートのコストが軽減できます。

　その他の選択肢が不適切な理由は以下のとおりです。

1. チャット対応によって、コンバージョンに至らない顧客だった場合でも、満足度向上には貢献しています。
2. 有料ではなく無料のツールもあります。
3. チャットツールの中には、メッセンジャー、LINE、メールをシームレスにつなぐ仕組みを持つものもあり、1 つのツールで複数のメディアに対応可能です。

問 6-16

あなたは BtoB のマーケティングチームに所属しています。チャットサポートシステムの導入を検討していて、チャットに関して勉強中です。チャットに関する次の説明のうち、最も適切なものを選びなさい。

1. オウンドメディア向けチャットボットには、有人チャットしかない。
2. メッセンジャーアプリはテキストのみメッセージ配信できる。
3. ソーシャルメディア向けチャットボットは、マーケティングへの活用ができないが、顧客からの問い合わせのサポートはできる。
4. チャットサービスには、メッセンジャーアプリとソーシャルメディアメッセンジャーとチャットサポートシステムがある。

Reference 公式テキスト参照

6-8-3 チャット支援サービス

6

問 6-16 の解答：4

　チャットサービスには、メッセンジャーアプリとソーシャルメディアメッセンジャーとチャットサポートシステムの3種類があります。

　その他の選択肢が不適切な理由は以下のとおりです。

1. オウンドメディア向けチャットボットでは、顧客の質問に対して回答を自動化したり、複数の選択肢を提供したりすることができます。

2. テキストだけではなく、画像・動画などもメッセージ配信可能です。

3. ソーシャルメディア向けチャットボットは、リードを獲得することやロイヤルティを高めるために使うことも可能です。

問 6-17

あなたはマーケティング担当者です。動画広告を配信していて、動画広告をクリックしたユーザーが、すぐにお問い合わせをしてくれていないことに気づきました。しかし、動画広告を配信した頃から、徐々にお問い合わせ総数が増えています。あなたは動画広告を停止しようか悩んでいます。このとき、とるべき行動として最も適切なものを選びなさい。

1. Google タグマネージャーと GA4 を駆使して動画広告をクリックしたユーザーのページスクロール率を計測する。
2. Google オプティマイズを駆使して動画広告をクリックしたユーザーに対して A/B テストを実施する。
3. 今まで出稿していなかった Yahoo! ディスプレイ広告（運用型）でも動画広告を開始する。
4. 動画広告を出稿している媒体にサーチリフト調査が実施できるか確認する。

Reference 公式テキスト参照

6-1-4 ブランドリフトとサーチリフト

6

問 6-17 の解答：4

　サーチリフト調査とは、ディスプレイ広告や動画広告に接触したユーザーが、ブランド名や商品・サービス名で検索をしたか否かを可視化する調査です。今回のケースで、例えば、A さんが動画広告に接触し、サービス名が記憶に残っていて、後日、検索エンジンでサービス名を検索してウェブサイトへ訪問してサービスを理解し、お問い合わせをしてくれたとします。サーチリフト調査をすることで動画広告によってブランド名やサービス名の検索が増えていることが確認できれば、動画広告を配信した頃から徐々にお問い合わせ総数が増えていることの説明がつくはずです。結果、動画広告は停止すべきではない、と判断するでしょう。

　その他の選択肢が不適切な理由は以下のとおりです。

1. 動画広告をクリックしたユーザーのページスクロール率を計測することは可能ですが、計測したところで動画広告とお問い合わせ総数の因果関係はつかめません。
2. Google オプティマイズで動画広告をクリックしたユーザーだけに A/B テストすることは可能ですが、動画広告とお問い合わせ総数の因果関係はつかめません。
3. 新たに Yahoo! ディスプレイ広告（運用型）へ出稿したところで、動画広告とお問い合わせ総数の因果関係はつかめません。

問 6-18

あなたは、食品メーカーに勤務しており、SNS アカウントの運用を任されることになりました。運用業務を担当するのは、あなたを含めて 2 名です。SNS を活用するのは会社として初の試みです。アカウントの開設以外で運用におけるポイントとして最も適切なものを選びなさい。

1. 2 名なので、それぞれのキャラクターが際立つように投稿する際の表現を決める。
2. 企業発信に対し、反応してくれたユーザーへ、どのような反応をしたとき、どのようにコミュニケーションをとるのかの方針を事前に決めておく。
3. ユーザーからの反応に対応ができない体制だとしても、反応に対応できない旨を開示する必要はない。
4. 自社商品に対して好意的な言及をしているユーザーの投稿を見つけたとき、いいね！やリポストすると驚かれるので何もしないほうがよい。

Reference   公式テキスト参照

6-4-2 企業発信における運用体制とコミュニケーション方針

問 6-18 の解答：2

　企業発信（企業アカウントの投稿）に対し、反応（いいね！・返信・リポスト・引用リポスト・コメント・シェアなど）してくれているユーザーへ、どのような反応をしてコミュニケーションをとるのかの方針を事前に定めておくことは重要です。

　例えば、自社の投稿にコメントをもらったときにどのようなコメントを返すのか、質問をもらったらどのようなコメントを返すのか、などの方針です。ときに細やかな対応が大変な場合などは、まとめてお礼をする投稿やコメントを行ったり、いいね！のみで返したりするだけでも効果があります。

　その他の選択肢が不適切な理由は以下のとおりです。

1. SNS は、1 つのアカウントが 1 つのキャラクターのように見られます。1 つのアカウントを複数人で運用している場合でも、一貫性を持った投稿をすることが大切です。したがって、2 名それぞれのキャラクターが際立つように運用するのではなく、1 つのキャラクターとして運用します。

3. ユーザーからのコメントや返信に何も反応をしなければ、悪い印象を与えることもあります。もし、何らかの理由で対応ができない場合は、あらかじめプロフィールなどでお答えできない旨を明示しておくなどの工夫で、こういったリスクを軽減できます。

4. 自社商品に対して好意的な言及をしているユーザーの投稿を見つけたときは、いいね！やリポスト、コメントなどを行うことが推奨されます。ユーザーの承認欲求を満たすことで、さらなる言及を増やす効果や、商品・サービス・企業に愛着を持ってもらう効果が期待できます。

第7章

オウンドメディアの解析と改善

公式テキストの第7章からは、オウンドメディアの解析・改善手法などについて出題されます。

問 7-1

あなたはGA4を活用して、閲覧数の多いページや平均エンゲージメント時間が長いページ、スクロール率の高いページなどを解析しようとしています。この視点の解析を分類したとき、最も適切なものを選びなさい。

1. ユーザー解析

2. トラフィック解析

3. コンテンツ解析

4. コンバージョン解析

Reference　　　　　　　　　　　　　　　　　　　　　　公式テキスト参照
7-1-2　改善の基本的な考え方

問 7-1 の解答：3

　コンテンツ解析とは、閲覧数の多いページや平均エンゲージメント時間が長いページ、スクロール率の高いページなどのコンテンツを解析することをいいます。
　その他の選択肢が不適切な理由は以下のとおりです。

1. **ユーザー解析**とは、どんな人がどれくらいサイトに来訪しているのか傾向を解析することをいいます。また、ユーザーの属性（性別・年齢）・地域別の訪問・デバイス別（スマートフォンやパソコン）などの流入傾向も把握します。
2. **トラフィック解析**とは、ユーザーがどこから来ているのかを解析することをいいます。オーガニック検索・広告・ソーシャル・メールなどチャネルと呼ばれる単位で解析します。また、検索クエリやキャンペーンごとの詳細な解析などを行います。
4. **コンバージョン解析**とは、設定した目標（会員登録・PDF のダウンロード数など）がどれくらい達成されたか、またはサンクスページまでの経路のどこで離脱したかなどを解析することをいいます。イーコマースサイトであれば商品ごとの購入数・購入率・カート破棄率などの解析も行います。

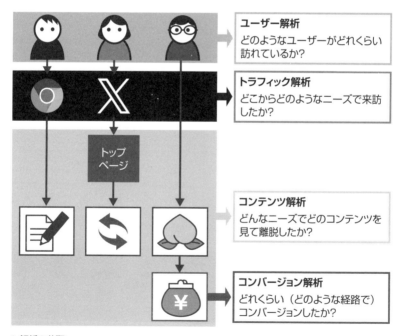

▲ 解析の分類

問 7-2

あなたは、リードジェネレーションサイトを運営しています。GA4 のレポートを見ていたところ先週の木曜日だけ、デフォルトチャネルグループ「Direct（ノーリファラー）」のセッションが多いことに気づきました。この可能性として、最も適切なものを選びなさい。

1. 先週の水曜日に GA4 の設定画面で Direct の定義を変更した。
2. 先週の木曜日にウェブサイトのトップページのデザインを変更した。
3. 先週の木曜日に見込み顧客 1,000 人のメールアドレスに対して、限定キャンペーンご案内メールを一斉送信した。キャンペーンページへのリンクにはパラメータは付与していなかった。
4. 先週の月曜日から Google 広告の検索連動型広告を配信していた。

Reference　　　　　　　　　　　　　　　　　　　　　　公式テキスト参照

7-2-3　全体傾向を確認する

問 7-2 の解答：3

　メール本文の URL をクリックした場合、パラメータを付与していないと Direct に振り分けられます。他にも Direct になるケースとしては、お気に入り（ブックマーク）からの訪問、URL を直接入力した訪問などがあります。

　その他の選択肢が不適切な理由は以下のとおりです。

1. GA4 には Direct の定義を変更する機能はありません。
2. ウェブサイトのトップページのデザインを変更しただけでは、Direct が増える直接の原因とはなりません。
4. Google 広告経由の流入は、Direct ではなく、「Paid Search」に振り分けられます。

問 7-3

あなたは、自社のウェブサイト担当者です。検索連動型広告で使っているランディングページの改善を検討しています。「ランディングページの文章量が多くてユーザーに読まれていないのでは？」と思っていますが、それを裏付けるデータがなく、改善に踏み切れないでいます。そこで、ヒートマップツールで解析することにしました。あなたが見るべきデータとして最も適切なものを選びなさい。

1. クリックヒートマップでよくクリックされている場所を、スクロール到達率でよく読まれている場所を確認する。
2. クリックヒートマップでよく読まれている場所を、アテンションヒートマップでどの位置で離脱が多いかを確認する。
3. アテンションヒートマップでよく読まれている場所を、スクロール到達率でどの位置で離脱が多いかを確認する。
4. アテンションヒートマップでよくクリックされている場所を、クリックヒートマップでどの位置で離脱が多いかを確認する。

Reference〉 公式テキスト参照

7-3-2 ヒートマップを使ってみよう

　ヒートマップツールは、ウェブページを詳しく解析するためのツールです。アテンションヒートマップでユーザーによく読まれている部分がわかります。また、スクロール到達率でユーザーがどこまでスクロールしているか、つまり、どの位置で離脱が多いのかがわかります。

　その他の選択肢が不適切な理由は以下のとおりです。

1. スクロール到達率で確認するのは、よく読まれている場所ではなく、どの位置で離脱が多いかです。
2. クリックヒートマップで確認するのは、よく読まれている場所ではなく、よくクリックされている場所です。また、アテンションヒートマップで確認するのは、どの位置で離脱が多いかではなく、よく読まれている場所です。
4. アテンションヒートマップで確認するのは、よくクリックされている場所ではなく、よく読まれている場所です。また、クリックヒートマップで確認するのは、どの位置で離脱が多いかではなく、よくクリックされている場所です。

問 7-4

あなたは、広告代理店に勤務しています。クライアントに、検索連動型広告で使っているLPに関してLPOの提案をしようとしています。クライアントにLPOについて説明するときの表現として最も適切なものを選びなさい。

1. 検索エンジンの検索結果ページにおいて、表示順位の上位に該当のウェブサイトを表示させる手法のこと。
2. 広告のランディングページを工夫し、コンバージョン率を高めるための手法のこと。
3. 広告のランディングページをユーザーに実際に使ってもらい、どこで離脱するかなどを確認して改善する手法のこと。
4. 入力フォームの入力項目やエラーの表示方法などのデザインを工夫し、フォームを送信してもらいやすくする手法のこと。

Reference　　　　　　　　　　　　　　　　　　　　公式テキスト参照

7-3　ランディングページの改善（LPO）

問 7-4 の解答：2

　LPO（Landing Page Optimization）とは、ウェブサイトユーザーの入り口となるランディングページ（ここでは広告のランディングページ）を工夫し、コンバージョン（申し込み、問い合わせなど）の確率を高めるための施策であり、次の３つのポイントで改善を検討します。

- ● ユーザーの目的やニーズに合わせた情報を提供する
- ● モバイルファースト
- ● ページのナビゲーションをシンプルにする

その他の選択肢が不適切な理由は以下のとおりです。

1. 検索エンジンの検索結果ページにおいて、表示順位の上位に該当のウェブサイトを表示させる手法は、SEO（Search Engine Optimization）です。
3. 広告のランディングページをユーザーに実際に使ってもらい、どこで離脱するかなどを確認して改善する手法は、ユーザビリティ調査です。
4. 入力フォームの入力項目やエラーの表示方法などのデザインを工夫し、フォームを送信してもらいやすくする手法は、EFO（Entry Form Optimization）です。

問 7-5

あなたは、リードジェネレーションサイトを運営しています。資料請求フォームを改善することで資料請求数が増やせるのではないかと考えています。不要な入力項目はないか？エラーメッセージはわかりやすいか？などの視点で改善をしようとしています。このような改善のことを示す用語として最も適切なものを選びなさい。

1. LPO
2. MEO
3. SEO
4. EFO

Reference　　　　　　　　　　　　　　　　　　　　　　　公式テキスト参照

7-4 エントリーフォームの改善（EFO）

問 7-5 の解答：4

　フォーム（エントリーフォーム）を改善することを、EFO（Entry Form Optimization）といいます。コンバージョンに直結する重要な改善ポイントです。サイトの中で一番コンバージョンに近いページであり、改善が成功すれば大幅にコンバージョン数の増加が期待できます。具体的には、「不要な入力項目を減らす」「情報量を減らしユーザーが理解しやすくする」などの対策があります。

　その他の選択肢が不適切な理由は以下のとおりです。

1. LPO とは、Landing Page Optimization の略で、コンバージョン数を増やすために「ユーザーが最初に到着したページ」と「ウェブ広告からの受け皿となるページ」を最適化することを指します。

2. MEO とは、Map Engine Optimization の略で、Google マップ内で自社や自店舗の Google ビジネスプロフィールのアカウントを上位表示させることで、露出を増やし来店や問い合わせ、そして自社のブランディングにつなげる施策を指します。

3. SEO とは、Search Engine Optimization の略で、検索エンジンの検索結果一覧画面に表示される自社サイトの掲載順位を改善することや、検索結果の表示を改善し自分のコンテンツに誘導するための施策を指します。

問 7-6

あなたは、イーコマースサイトを担当しています。購入数の増加を目指して EFO に取り組むことにしました。あなたが取り組むべきこととして、最も適切なものを選びなさい。

1. イーコマースでは、決済方法が多いとユーザーが戸惑って離脱してしまうため、決済方法を絞る。
2. 入力漏れを防ぐために、任意項目はなくして、すべて必須項目にする。
3. 全角と半角の指定は入力エラーの原因になるため、強制はせずにシステム側で処理して統一する。
4. フォーム入力途中でも、ユーザーが気になる情報を探せるように、様々なページへリンクを設置する。

Reference　　　　　　　　　　　　　　　　　　　　　公式テキスト参照

7-4-2　エントリーフォームの主な課題と改善手法

7

問 7-6 の解答：3

　EFO は、フォームやカートでの離脱を防ぐことが目的です。ユーザーが離脱する原因として、「半角・全角の違いがわからず、入力できない」「入力項目名や説明がわかりづらい」などがあります。

　全角と半角の指定は入力エラーの原因になるため、強制はせずに、半角全角の自動変換やキーボードの自動切り替えなどの機能を追加して、離脱を防ぎます。

　その他の選択肢が不適切な理由は以下のとおりです。

1. イーコマースサイトであれば、多様な決済手段やギフト対応などの機能は必須です。
2. 必須の入力項目が多すぎると、ユーザーは入力するのが面倒になり離脱してしまいます。
4. 入力フォーム内のリンクはフォーム離脱の要因になるので、極力減らすことが重要です。

問 7-7

あなたは、イーコマースサイトに対して EFO を行うために準備を進めています。まずは現状のフォームに対して、どのような課題があるのかを解析しようと考えています。あなたがとるべき解析手法として最も適切なものを選びなさい。

1. GA4 を利用して、時間がかかっているところ（レポート画面上で暖色になっているところ）などを解析する。
2. EFO ツールを利用して、入力項目ごとの離脱数やエラー数、入力時間などを解析する。
3. ヒートマップツールを利用して、ショッピングカートページから購入完了ページまでの遷移において、ユーザーの離脱数を細かく確認する。
4. フォームの課題はツールでは解析できないので、とにかく仮説と検証を繰り返す。

Reference 公式テキスト参照

7-4-3 ツールを利用したエントリーフォームの解析

問 7-8

あなたはランディングページのファーストビューに設置している「CTA ボタン」のクリック数を最大化する画面構成を検討したいと考えています。画面構成の一部分を変更して効果が出るかを検証しようと思い、Google オプティマイズを活用しようとしています。このとき、最も適切なテスト方式を選びなさい。

1. A/B テスト
2. 多変量テスト
3. リダイレクトテスト
4. 時期をずらした同期間でのテスト

Reference 公式テキスト参照

7-3-3 A/B テストをしてみよう

問 7-7 の解答：2

　フォームを細かく解析したい場合は、EFO ツールが有用です。

　EFO ツールでは GA4 やヒートマップでは計測しづらい、入力項目ごとの離脱数やエラー数、入力時間などを解析することが可能です。

　また、EFO ツールには入力補助機能や A/B テスト機能を備えているものが多く、解析から改善まで EFO ツール 1 つで実行することが可能です。

　その他の選択肢が不適切な理由は以下のとおりです。

1. GA4 では、レポート画面上の色で解析することはできません。GA4 では、フォームのどこまでスクロールしたか、フォームのどの入力項目を触ったかなどの解析を行います。
2. ヒートマップツールでは、ページ遷移におけるユーザーの離脱数を細かく計測することはできません。ヒートマップツールでは、間違ってクリックしていたり、ユーザーが入力に時間がかかっていそうな箇所（レポート画面上で暖色になっているところ）を見つけたりします。
4. フォームの課題は、GA4、ヒートマップツール、EFO ツールで解析することができます。

問 7-8 の解答：1

　ファーストビューなど、ある一部分のみパターンテストを行う場合は、同ページ内で行う A/B テストが最適です。

　その他の選択肢が不適切な理由は以下のとおりです。

2. 多変量テストは複数部分の組み合わせを検証する際に行います。
3. リダイレクトテストは別 URL にリダイレクトさせるテストです。
4. 時期をずらしたテストでは季節や時期の影響を受けることがあります。

問 7-9

あなたは、GA4 と Google 広告を連携して使用しています。Google 広告の検索連動型広告で多くの流入を獲得していますが、エンゲージメント率が低いことに気づきました。エンゲージメント率の低い可能性として最も適切なものを選びなさい。

1. Google 広告のインプレッションシェアが 50% を切っている。
2. Google 広告をクリックしたユーザーが LP のファーストビューを見たとき、期待していた内容ではなかったため、すぐに離脱している。
3. Google 広告の入札戦略で「エンゲージメントの最大化」を設定しているが、機械学習が進んでいない。
4. Google 広告でコンバージョン設定を忘れていた。

Reference 公式テキスト参照

7-2-3　全体傾向を確認する

問 7-9 の解答：2

　エンゲージメント率は、エンゲージメントのあったセッションの数を、指定した期間内のセッションの総数で割った値です。エンゲージメントのあったセッションとは、「10秒以上滞在した」「1件以上のコンバージョンイベントが発生した」「ページビューが2回以上あった」のいずれかに該当するセッションのことです。エンゲージメント率が低いということは、LPにランディングしても興味を抱かずにすぐに離脱してしまった状態です。検索連動型広告において、この状態になるケースは、広告をクリックしたユーザーが期待していたコンテンツと、実際のLPのコンテンツに大きな差異があり、ユーザーがすぐに離脱していることが要因の1つとして考えられます。

　その他の選択肢が不適切な理由は以下のとおりです。

1. Google広告のインプレッションシェアは、広告が表示可能だった合計回数のうち、広告が実際に表示された回数の割合です。エンゲージメント率とは無関係です。

3. Google広告の入札戦略で「エンゲージメントの最大化」という設定はありません。

4. Google広告でコンバージョン設定を忘れていたとしても、GA4のエンゲージメント率は計測されます。かつ、エンゲージメント率が低い要因にはなりません。

問 7-10

あなたは、ウェブサイトの解析をするために GA4 を設置しました。ユーザーの年齢や性別などの属性も解析したいと考えています。このとき、あなたが設定すべき項目として最も適切なものを選びなさい。

1. ユーザーエクスプローラを有効化する。
2. 拡張計測機能を有効にする。
3. しきい値を設定する。
4. Google シグナルを有効にする。

Reference　　　　　　　　　　　　　　　　　　　　　　公式テキスト参照

7-2-3　全体傾向を確認する

問 7-10 の解答：4

　年齢・性別や興味関心のデータを GA4 で利用する場合には、Google シグナルを有効にする必要があります。Google シグナルとは、異なったデバイスやブラウザからアクセスされた場合でも Google データと紐づけることで同一ユーザーと認識して計測を行う機能です。「Google シグナルのデータ収集を有効にする」設定をすると計測が可能になり、分析精度を高めることができます。ただし、同一ユーザーとして特定できるのは Google アカウントにログインした状態で、かつ Google アカウント設定の「広告のカスタマイズ」を設定しているユーザーに限ります。

　その他の選択肢が不適切な理由は以下のとおりです。

1. ユーザーエクスプローラは、探索レポートで使用できるレポートの一種で、ユーザーのサイト内行動を 1 人ずつ捕捉できるミクロ解析レポートです。また「有効化」のような設定は不要です。

2. 拡張計測機能とは、自動でイベントを収集する機能のことです。有効にすることで、スクロール数、離脱クリック、ファイルのダウンロードなどのイベントが自動収集されます。

3. しきい値は、レポートやデータ探索を閲覧する際、データに含まれるシグナル（ユーザー属性、インタレストなど）から個別ユーザーの身元を推測できないようにするために設けられています。ユーザー数が少ないサイトやユーザー属性情報が含まれている場合などに、しきい値が適用され、データから除外されることがあります。しきい値はシステムで定義されており、調整・設定変更することはできません。

問 7-11

あなたはクライアントのウェブサイトに対して、GA4 を使ってアクセス解析をしようとしています。ユーザーが初めてウェブサイトに訪問したキッカケとなった流入経路とコンバージョンの関係性などを分析したいと思っています。このとき、あなたが確認するレポートとして最も適切なものを選びなさい。

1. ユーザー獲得レポート
2. トラフィック獲得レポート
3. ユーザーエクスプローラ
4. Google Search Console レポート

Reference　　　　　　　　　　　　　　　　　　公式テキスト参照

7-2-3　全体傾向を確認する

問 7-12

あなたはオウンドメディアに対してファネル解析を実施しようしています。「A ページ→ B ページ→お問い合わせフォーム→お問い合わせフォーム送信完了」といった遷移をたどったユーザー数と離脱したユーザー数を把握したいと思っています。このデータを把握するために最も適切な GA4 のレポートを選びなさい。

1. セグメントの重複
2. 経路データ探索
3. ファネルデータ探索（目標到達プロセスデータ探索）
4. ユーザーエクスプローラ

Reference　　　　　　　　　　　　　　　　　　公式テキスト参照

7-2-4　ファネル解析について

問 7-11 の解答：1

　ユーザー獲得レポートは、ウェブサイトに初めて訪れたユーザーが、どこから流入したのかを確認できるレポートです。どの流入経路で初回訪問を獲得するとコンバージョンしやすいのかなどを分析できます。

　その他の選択肢が不適切な理由は以下のとおりです。

2. トラフィック獲得レポートは、セッションベースでどこから流入したのかを確認できるレポートです。
3. ユーザーエクスプローラは、ユーザーのサイト内行動を 1 人ずつ捕捉できるミクロ解析レポートです。
4. Google Search Console レポートは、GA4 と Google Search Console を連携することで使用でき、Google オーガニック検索のクエリやランディングページに関するデータが確認できます。

問 7-12 の解答：3

　ファネルデータ探索（目標到達プロセスデータ探索）では、任意に設定したステップにおけるユーザーの遷移を確認することができます。ユーザーが意図したとおり遷移しているか、離脱が多いステップはどこかなどを分析し、改善につなげます。

　その他の選択肢が不適切な理由は以下のとおりです。

1. セグメントの重複は、最大 3 個のセグメントを比較してそれらのユーザー重複状況や相互関係を可視化するレポートです。
2. 経路データ探索は、ユーザーのたどった経路がツリーグラフで表示され、サイト内の動きを確認するレポートです。
4. ユーザーエクスプローラは、ユーザーのサイト内行動を 1 人ずつ捕捉できるミクロ解析レポートです。

問 7-13

あなたは、クライアントに GA4 の導入支援をする立場です。クライアントから「直帰率の定義を知りたい」と言われました。あなたの回答として最も適切なものを選びなさい。

1. 直帰率は、コンバージョンイベントを発生させたユーザーの割合です。
2. 直帰率は、コンバージョンイベントが発生したセッションの割合です。
3. 直帰率は、「10 秒以上継続したセッション」「コンバージョンイベントが発生したセッション」「2 回以上のページビューもしくはスクリーンビューが発生したセッション」のいずれかに該当したセッションの割合です。
4. 直帰率は、エンゲージメントがなかったセッションの割合です。（1 －エンゲージメント率）で計算できます。

Reference　　　　　　　　　　　　　　　　　　　　公式テキスト参照

7-2-3　全体傾向を確認する

問 7-13 の解答：4

　直帰率は、エンゲージメントがなかったセッションの割合です。(1－エンゲージメント率) で計算できます。

　例えば、ユーザーがウェブサイトにアクセスして、ページ上のコンテンツを数秒間閲覧してから、コンバージョンイベントも発生させず、2 ページ目も見ずにウェブサイトを離れた場合、そのセッションは直帰としてカウントされます。

　その他の選択肢が不適切な理由は以下のとおりです。

1. 「コンバージョンイベントを発生させたユーザーの割合」はユーザーコンバージョン率の説明です。

2. 「コンバージョンイベントが発生したセッションの割合」はセッションコンバージョン率の説明です。

3. 「『10 秒以上継続したセッション』『コンバージョンイベントが発生したセッション』『2 回以上のページビューもしくはスクリーンビューが発生したセッション』のいずれかに該当したセッションの割合」はエンゲージメント率の説明です。

問 7-14

あなたの担当しているウェブサイトは GA4 で計測をしています。データを解析したところ、特定のランディングページから他のページへ遷移されていないことに気づきました。すぐに改善施策を実行して成果を確認したい、と考えたあなたがとるべき施策として、最も適切なものを選びなさい。

なお、ランディングページはフォーム一体型ではなく、フォームは別ページへ遷移する形式となっています。

1. Google 検索結果ページの上位に担当のウェブサイトを表示させるために、コンテンツのリライトをする。
2. ランディングページのファーストビューや CTA ボタンを工夫する。
3. ランディングページをユーザーに実際に使ってもらい、どこで離脱するかを確認する。
4. 入力フォームの入力項目やエラーの表示方法などのデザインを工夫する。

Reference　　　　　　　　　　　　　　　　　　　　公式テキスト参照

7-2-4　ファネル解析について

7

問 7-14 の解答：2

　ランディングページからの遷移率を改善するためには、ファーストビューでターゲットとなるユーザーが知りたい情報を伝え、どんなサービスなのかを理解しやすくすることが非常に重要です。また、フォームへとユーザーを誘導する CTA ボタンやテキストリンクの改善が有効です。

　その他の選択肢が不適切な理由は以下のとおりです。

1. Google 検索結果での上位表示、つまり SEO のためにリライトしても、ランディングページから遷移する人が増えるかはわかりません。また、すぐに改善施策を実行したいのに、SEO では成果が出るまで時間がかかってしまいます。

3. ウェブサイトをユーザーに使ってもらい、分析をすることは改善の 1 つの方法ですが、ある程度の数のサンプルを集めることや分析に時間がかかります。

4. 入力フォームの改善を行うことは重要ですが、今回の課題は他ページへの遷移率の改善なので、入力フォーム自体を改善しても効果はありません。

問 7-15

あなたは、GA4 を使ってアクセス解析をしています。Facebook からの流入で、エンゲージメントのあったセッションが多い状況でした。その理由として、最も適切なものを選びなさい。

1. ランディングページから数秒で離脱しているユーザーが多いから（コンバージョンイベントも発生していない）。

2. ランディングページ以外のページも閲覧しているユーザーが多いから。

3. 拡張計測機能イベントが計測されているから。

4. 直帰率が高いから。

Reference　　　　　　　　　　　　　　　　　　　　公式テキスト参照

7-2-3　全体傾向を確認する

7

問 7-15 の解答：2

　GA4 での「エンゲージメントのあったセッション」とは、以下のいずれかに該当するセッションです。

- 10 秒以上継続したセッション
- コンバージョンイベントが発生したセッション
- 2 回以上のページビューもしくはスクリーンビューが発生したセッション

「ランディングページ以外のページも閲覧している」ということは、2 回以上のページビューが発生していることになるため、エンゲージメントのあったセッションも多くなります。

　その他の選択肢が不適切な理由は以下のとおりです。

1. 10 秒以上継続していればエンゲージメントですが、数秒での離脱はエンゲージメントのあったセッションにはカウントされません。
3. 拡張計測機能イベントは、拡張計測機能を有効にすることで自動的に収集されるイベントのことです。拡張計測機能を有効にすると、エンゲージメントのあったセッションが多くなるわけではありません。
4. 直帰率は、エンゲージメントのなかったセッションの割合です。エンゲージメントのあったセッションが多いので、直帰率は高くなりません。

問 7-16

あなたは、GA4 の探索レポートを使ってデータを抽出しようとしています。商品Aを購入したユーザーと、商品Aを購入していないユーザーのデータを比較したいと考えています。このとき、あなたが使うべき機能として最も適切なものを選びなさい。

1. 期間比較機能
2. セカンダリディメンション
3. 拡張計測機能
4. セグメント

Reference
7-2-5　その他の解析で使える機能

公式テキスト参照

問 7-16 の解答：4

　セグメントは探索レポートのみで使える機能で、データを何かしらの条件で絞り込むことができます。商品 A を購入した・購入していないの他にも、ショッピングカートに商品を追加したものの、購入はしていないユーザーなど、様々な条件で絞り込むことができます。

　その他の選択肢が不適切な理由は以下のとおりです。

1. 期間比較機能は、データを期間で比較したい場合に使う機能です。

2. セカンダリディメンションは、レポートで２つのディメンションを掛け合わせたデータを確認したい場合に使用する機能です。

3. 拡張計測機能は、管理画面で有効に設定することで scroll や click などのイベントが自動収集される機能です。

あなたは GA4 の探索レポートの「ファネルデータ探索（目標到達プロセスデータ探索）」を使ってデータを解析しようとしています。コンバージョンまでの遷移を解析しようと、ランディングページからフォーム入力ページへの遷移、そしてフォームのサンクスページへの遷移を確認しようとした結果、サンクスページへの遷移ユーザー数が 0 になってしまいました。先週 1 週間のデータですが、実際のコンバージョンは 2 件発生していました。レポートでユーザー数が 0 になった理由として、最も適切なものを選びなさい。

1. データに「サンプリング」が発生しているから。

2. データに「しきい値」が適用されているから。

3. エンゲージメント率が高いから。

4.「ユーザーエクスプローラ」を有効化していないから。

Reference 公式テキスト参照

7-2-3 全体傾向を確認する

7

問 7-17 の解答：2

　データのしきい値は、データ探索を閲覧する際、データに含まれるシグナル（ユーザー属性、インタレストなど）から個別ユーザーの身元を推測できないようにするために設けられています。

　Google シグナルが有効で、指定した期間のユーザー数が少ない場合、レポートやデータ探索のデータが除外されることがあります。その結果、ユーザー数が 0 になってしまうことも起こりえます。

　その他の選択肢が不適切な理由は以下のとおりです。

1. 「サンプリング」は、大規模なデータの中から有意な情報を得るため、データの一部を抽出することをいいます。ユーザー数が 0 になることとは関係ありません。
3. 「エンゲージメント率」は、エンゲージメントのあったセッションの数を、指定した期間内のセッションの総数で割った値です。ユーザー数が 0 になることとは関係ありません。
4. 「ユーザーエクスプローラ」は、ユーザーのサイト内行動を 1 人ずつ捕捉できるミクロ解析レポートです。ユーザー数が 0 になることとは関係がなく、また、「有効化」という概念もありません。

問 7-18

あなたは、GA4 でデータを解析しています。特定のランディングページを改善して、直帰率を下げたいと考えています。ランディングページを改善するときの視点として、最も適切なものを選びなさい。

1. ユーザーの目的やニーズに合う情報をファーストビューで提供する。
2. ファーストビューに情報量が多いとわかりにくいので、イメージ写真のみに差し替える。
3. 他ページへの遷移を促進させたいので、ナビゲーションとしてとにかく多くのリンクを設置する。
4. 画面一面を覆うようにポップアップを表示させて遷移させたいリンクを強調する。

Reference　　　　　　　　　　　　　　　　　　　　　　　公式テキスト参照

7-3-1　ランディングページの解析

問 7-18 の解答：1

　ユーザーの求めている情報がわかりにくかったり、少なかったりすると、すぐに離脱されてしまいます。

　特にファーストビューは非常に大事で、ユーザーは自分にとって必要かを 3 秒で判断しているといわれています。そのため、ファーストビューでターゲットとなるユーザーが知りたい情報を伝えたり、どんなサービスなのかを伝えたりすることが非常に重要です。

　その他の選択肢が不適切な理由は以下のとおりです。

2. ユーザーは、ファーストビューでページの価値を判断して読み始めます。そのため、必要な情報が入っていないとユーザーの離脱の原因になるので、CTA やキャンペーンの特典の位置を決めましょう。

3. ナビゲーションの色を目立たせたり、クリッカブル（クリックできる）であることがわかるようにリンクやボタンのデザインをわかりやすくすることが大切ですが、多くのリンクはユーザーを迷わせてしまうので必要のないナビゲーションは排除するのがよいです。

4. 画面一面を覆う（ジャックするような）表示方法は、ウェブサイト内でのユーザーの行動を阻害するため、ポップアップを使用する場合は、画面の余白や下部に表示するよう心がけてください。また、売り込みのような宣伝をポップアップで行っても効果は低く、ユーザーの離脱を促進してしまいます。

第8章

ウェブ解析士のレポーティング

公式テキストの第8章からは、事業の成果につながるレポーティングを行うために必要となる知識について出題されます。

問 8-1

あなたはクライアントにウェブ解析レポートを作成しようとしています。次のレポート作成の考え方のうち、最も適切なものを選びなさい。

1. レポートは主張が大切なので、必要に応じて事実でないデータも創作してよい。
2. 実施したい施策があるので、クライアントを説得して行動を促すためのレポートを心がけた。
3. レポートはクライアントの担当者だけに正しく伝わればよいので、プレゼンのトークに注力する。
4. 施策提案を充実させたらページ数が多くなったので、施策による期待効果は省略した。

Reference 公式テキスト参照

8-1 ウェブ解析レポートの種類と作成の流れ

問 8-1 の解答：2

　レポートは相手を動かすためにあります。相手が動かなかったということは、内容が伝わらなかったか、レポートの品質が低いということです。品質を高めるためにも、今の課題を解決するレポートであることが重要です。

　その他の選択肢が不適切な理由は以下のとおりです。

1. レポートは、データや行動などの事実に基づいていなければなりません。事実ではないものはレポートに含めてはなりません。また、事実を曲げてもいけません。
2. レポートは、クライアント担当者以外の関係者に共有される可能性があります。レポートが独り歩きすることを念頭に置き、レポートだけで正しく伝わる工夫が求められます。
3. 相手を動かすためには、行動したときの期待効果やリスクを明示する必要があります。

問 8-2

あなたは、ウェブ解析レポートにロジックツリーを使って、わかりやすく表現しようと考えました。あなたの行動として最も適切なものを選びなさい。

1. ロジックツリーは、KPI、KSF、KGI、施策の順序で表現する。

2. KPI は、KGI を単純に分解して記載する。

3. KSF は、目標達成のための成功要因を記載する。

4. 混乱を避けるため、根拠としてのページ番号は掲載しない。

Reference　　　　　　　　　　　　　　　　　　公式テキスト参照

8-2-2　ロジックツリーの作り方

問 8-3

あなたは、ウェブサイトの使いやすさやデザインの改善点を見いだして、ウェブ解析レポートにまとめたいと考えています。レポート作成前にやるべきこととして、最も適切なものを選びなさい。

1. ユーザビリティ・ヒューリスティック調査

2. ベンチマーク解析

3. 検索エンジン解析

4. 広告効果測定

Reference　　　　　　　　　　　　　　　　　　公式テキスト参照

8-1-2　ウェブ解析レポートの種類

問 8-2 の解答：3

KSF は、目標となる KGI を達成するために必要な主要成功要因です。
その他の選択肢が不適切な理由は以下のとおりです。

1. ロジックツリーは、KGI、KSF、KPI、施策の順序で表現します。
2. KPI は、KGI の単純な分解ではなく、成功要因である KSF を踏まえて分解します。
4. ロジックツリーは、レポート全体を表すことに役に立ちます。その際、現状の事実
や提案などが書いてあるページを記載することで、レポートの読みやすさにつなが
ります。

問 8-3 の解答：1

ユーザビリティ・ヒューリスティック調査は、アクセス解析のデータでは把握する
のが難しい、使いやすさやデザインの改善ポイントを調査するものです。
アクセス解析で問題のあるページを発見し、そのページに対してユーザビリティ調
査やヒューリスティック調査を行います。
その他の選択肢が不適切な理由は以下のとおりです。

2. ベンチマーク解析は、競合他社の動向を知るためのものです。例えば、キーワードツー
ルで競合製品と自社製品へのユーザーの関心動向を調べることで、プロモーション
やキャンペーンの効果を推定できます。
3. 検索エンジン解析は、検索エンジンのオーガニック検索の結果を評価するものです。
4. 広告効果測定は、主にインターネット広告の測定を指しますが、テレビ広告や新聞
広告などの効果測定を含むこともあります。

問 8-4

あなたは、デジタルマーケティングのコンサルティングを行っているクライアントへウェブ解析レポートを提出することになりました。関係者へのヒアリング、ビジネスモデルの把握などの事前準備を済ませました。この後、レポートを作成していく中で、**最も適切なもの**を選びなさい。

1. 表やグラフはスペースをとるので、なるべく多くのメッセージを詰め込んでレポート枚数が増えすぎないように考慮すべきである。
2. 改善提案をする際は、作成者が優先順位をつけないほうが望ましい。
3. レポートの最初の1～2ページは、エグゼクティブサマリーとする。
4. レポートに書いた課題・提案を実施するか否かはクライアントに任せて課題管理表は不要である。

Reference　　　　　　　　　　　　　　　　　　　　　　公式テキスト参照

8-1-3　ウェブ解析レポート作成手順

8

問 8-4 の解答：3

　エグゼクティブサマリーは、レポートにおける概要（全体の要約）を述べる部分です。レポート全体の傾向をつかむために、レポートの最初のほうにエグゼクティブサマリーを付けます。1 ページか、多くても 2 ページ以内に収めます。エグゼクティブサマリーがあると、全体を把握しやすいだけではなく、見直しにも役立ちます。

　その他の選択肢が不適切な理由は以下のとおりです。

1. 1 つの表やグラフに対し、伝えたいメッセージは 1 つにするのがよいです。この表・グラフとメッセージが 1 対 1 になっていると、伝わりやすくなります。同じ数字でも、伝えたいことが 3 つあれば、3 つのチャートを作って示すのがベストです。
2. 改善提案するときには優先順位をつけます。その際、対象となる改善の進行が速い施策、コストや技術的に実現可能である施策、改善結果の期待効果が大きい施策を選んでください。
4. ウェブ解析レポートはデータを根拠にするため説得力がありますが、多くの場合、発見される課題には緊急性がなく「よい話を聞いた」という印象で終わってしまいがちです。今回の課題を次回につなげるためにも、クライアントに丸投げするのではなく課題管理表を作って、一緒に施策の期日、担当者、内容を明示し、進捗を確認することが重要です。

問 8-5

あなたはクライアント向けにウェブ解析レポートを作成する上で、先輩から MECE を意識して文章を作成するように指摘されました。あなたが注意すべき MECE の概念として、最も適切なものを選びなさい。

1. 重複する論理については、その部分を強調して伝えるために削除しない。

2. 上下の階層について、MECE であることだけが必要である。

3. 既存のフレームワークを活用すると、論理や事象の構造を理解できる。

4. 構造化には「事象」と「成果」の 2 つの側面がある。

Reference　　　　　　　　　　　　　　　　　　　　　　公式テキスト参照

8-2-3 文章やコメントで留意する点

問 8-5 の解答：3

MECE は、「Mutually Exclusive and Collectively Exhaustive」の頭文字をとったもので、「それぞれが重複することなく、全体としてモレがない」という意味です。

MECE によって、重要な点の見落とし（モレ）がないか、あるいは、同じことが重複（ダブり）していないかをチェックします。MECE を活用するための主なポイントは以下のとおりです。

● 3C 分析や 4P 分析といったフレームワークを使うことで、短時間、かつ、正確に構造を理解できます。
● ダブりよりもモレがないことに注意します。ダブりは後で除去できますが、モレはそうはいきません。見落としがないかどうかを重点的にチェックしましょう。
● 階層レベルに注意します。正しい論理構造では、同一の階層に位置する複数の要素は横方向に MECE な関係になっていなければなりません。異なるレベルのものを同じレベルとして扱わないようにすることが大切です。

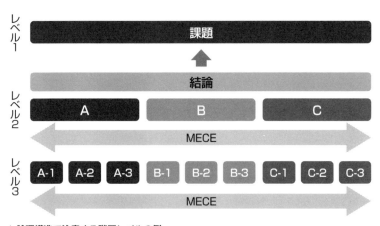

▲ 論理構造で注意する階層レベルの例

その他の選択肢が不適切な理由は以下のとおりです。

1. 重複する部分は削除することで、シンプルに伝えたいことを伝えることができます。
2. 上下のみではなく、横（並列）の階層でも MECE であることが重要です。
4. 構造化には「論理の構造化」と「事象の構造化」の 2 つの側面があります。論理の構造化は、自分の考え・主張を他者に説明するときのストーリーを整理します。事象の構造化は、現状把握・因果関係・解決策などを整理します。

問 8-6

あなたは作成中のウェブ解析レポートを、より伝わりやすく・わかりやすく表現したく、色や罫線などで工夫をしようとしています。レポートを伝わりやすく・わかりやすく表現する上で、最も適切なものを選びなさい。

1. 色の種類を増やすと多種多様な表現ができるので、色をちりばめて使う。
2. 色の濃淡や形を変えることで差異をつけられるので、色は3色程度におさめる。
3. 文字装飾をふんだんに用いてビジュアルを重視する。
4. レポートのページごとのテーマや提案内容に合ったフォントを使う。

Reference 公式テキスト参照

8-3-1 レポートの表現方法の基本

問 8-6 の解答：2

　レポートの原則は「シンプルにすること」です。色数、フォントの種類、サイズの種類が増えると、まとまりがなく伝わらないレポートになってしまうので注意しましょう。

　色に関しては、なるべく同系色や類似色でまとめ、理由がなければ色数は 3 色程度にとどめます。

　その他の選択肢が不適切な理由は以下のとおりです。

1. 色数が多いと、読み手にとって、どこがポイントなのかわからなくなるため、注意を引きたいところにだけアクセントとなる色を配置するのがよいです。

3. 文字装飾に関しても不要な装飾は控えましょう。ボールド、イタリック、下線などの表現をどの目的で使うのかを決めて使うのがよいです。例えば、ポジティブな数値はボールド、ネガティブな数値はイタリック、提案につながる数値や文章は下線などです。

4. フォントの種類が増えると、まとまりがなく伝わりにくいレポートになってしまいます。したがって、フォントは必ず統一します。

問 8-7

あなたは、広告代理店の広告運用者です。初めて担当する業種のクライアントからウェブ解析レポートを要望いただきました。レポートを作成するにあたり、最初に行うべきこととして最も適切なものを選びなさい。

1. プレゼンテーションソフトのスライドを開いてエグゼクティブサマリーを考える。
2. クライアントのサービス内容・ターゲットユーザー・競合からビジネスモデルを理解する。
3. GA4 のレポートを順番にチェックしていく。
4. レポート対象のウェブサイトの役割・目的を把握する。

Reference

8-1-3　ウェブ解析レポート作成手順

公式テキスト参照

8

問 8-7 の解答：2

　ウェブ解析では、ユーザーを理解することが重要です。ウェブサイトのアクセス解析をするためにも、そのウェブサイトを利用するユーザーを理解できていないと、仮説を持って解析や施策を考えることはできません。

　その他の選択肢が不適切な理由は以下のとおりです。

1. エグゼクティブサマリーは必要ですが、解析をする前にサマリーを書くことはできません。
3. どのような視点で、どのデータを解析するべきかなどの目的がないまま GA4 のレポートを見ても、意味がありません。
4. レポート対象のウェブサイトの役割・目的を把握することは必要ですが、前述のとおり、まずはユーザーを理解した上でウェブサイトの把握に着手すべきです。

1. レポートの準備
ウェブ解析データに加え、関係者のヒアリングを行い、ビジネスモデルの把握やウェブなどの要件定義・設計資料を入手します

2. 企画とデータ収集
クライアントに要件（RFP）を確認し、データの収集（Detecting）を行い、提案施策（Proposal）をまとめます

3. ラフの作成
ロジックを組み立て、レポートのアウトラインを組み立て、タイトル、コメント、データの位置を決めます

4. レポート作成
図表のビジュアライゼーションと課題管理表のアップデートを行った上で、プレゼンテーションの日時を決め、レポートを事前に渡します

▲ レポート作成の流れ

問 8-8

あなたは、多店舗展開している飲食店の管理部門に所属しています。ここ数か月の売上減少に対し調査したところ、来店客数に対して 1 人あたりの顧客単価が減少していることがわかりました。この状況を伝えるのに最も適したレポートを選びなさい。

1. 散布図
2. バブルチャート
3. スパークライン
4. 2 軸グラフ

Reference 公式テキスト参照
8-3-2 表とグラフの種類

問 8-9

あなたは社内のウェブ解析担当者です。レポートを作成しています。あなたが取り組むべきこととして、最も適切なものを選びなさい。

1. エンゲージメント率が 58.3% から 60.9% に増加していた。そのため、「エンゲージメント率が 2.6% 増加しました」と記載した。
2. レポートが地味だったため、色数を増やし、1 ページあたりの情報量を大幅に増やした。
3. 流入元の分析をしているとデバイスごとに傾向が違うことがわかったので、流入元とデバイスによるクロス集計表を作成した。
4. 月別のページビュー数とエンゲージメント率の説明をするため、別々の積み上げ棒グラフにした。

Reference 公式テキスト参照
8-3 レポートの表現方法

問 8-8 の解答：4

2 軸グラフは、尺度の異なる 2 つの縦軸を持つグラフです。単位が異なるデータや数の差が大きいデータを、1 つのグラフで表す場合に効果的です。問題文のケースでは、来店客数と顧客単価を両縦軸に使うことで 1 つのグラフにまとめることができ、推移がわかりやすくなります。

その他の選択肢が不適切な理由は以下のとおりです。

1. 散布図は、2 つのデータの相関性を考える場合に有効です。縦軸と横軸にそれぞれのデータをプロットすれば、4 象限にデータを分類することもできます。
2. バブルチャートは、散布図の縦軸と横軸に加え、各データの面積の大小で第 3 のデータを表現できるグラフです。
3. スパークラインは、数値の横にミニグラフを配置し、数値を見ながら全体傾向を視覚的に理解するための表現方法です。時系列データは折れ線グラフ、データの差を比較する際は縦棒グラフを使います。

問 8-9 の解答：3

複数のディメンションを掛け合わせた分析をする際にはクロス集計が有効です。分析内容や見せたいデータ種類に合わせて最適な表現方法を選びましょう。

その他の選択肢が不適切な理由は以下のとおりです。

1. パーセント（%）の増減はポイント（pt）を用いてください。この場合、2.6pt 増加と書くのが最適でしょう。
2. 色数が多いと、読み手にとってどこがポイントなのかわからなくなるため、注意を引きたいところにだけアクセントとなる色を配置するのがよいでしょう。また、情報量が多くなると伝わりにくくなることもあるので、注意してください。
3. この場合は 2 軸グラフが適切です。積み上げ棒グラフは複数の要素がある場合に有効ですが、ページビュー数やエンゲージメント率では有効ではありません。

問 8-10

あなたは自社のウェブ担当者です。ある月の日別のコンバージョン数の平均値が「7」でした。このデータから判断できることとして、最も適切なものを選びなさい。

1. 7 件コンバージョンできた日が最も多い。

2. このデータのヒストグラムを考え、分布を把握すべきである。

3. 正規分布といえるので、コンバージョン数は 1 件〜 13 件で左右対称になっている。

4. その月のコンバージョン数の中央値も、ほぼ 7 になる。

Reference 公式テキスト参照

8-4-2 記述統計に用いる統計量の算出

問 8-11

あなたは上司へ報告するためのウェブ解析レポートを作成しました。とあるデータ群の中で中央値が「5」でした。あなたが報告する際、最も適切な表現を選びなさい。

1. データの総和をデータの個数で割った値が 5 だった。

2. データを昇順に並べたとき、中央に位置するデータの値が 5 だった。

3. データ群で最も高い頻度で出現する値が 5 だった。

4. データ群の中で最も小さい値と最も大きい値の差が 5 だった。

Reference 公式テキスト参照

8-4-2 記述統計に用いる統計量の算出

問 8-10 の解答：2

　ヒストグラムは、度数分布を示すグラフのことです。平均値だけでは、そのデータの特徴を把握することはできないため、必ずヒストグラムや中央値、最頻値などを用いてデータの分布状況を把握しましょう。

　その他の選択肢が不適切な理由は以下のとおりです。

1.「最も多い」というのは「最頻値」のことを指しますが、平均値と最頻値が同じとは限りません。

3. 正規分布とは、平均値の周辺にデータが集まるようなデータの分布を表した、連続的な変数に関する分布のことです。

4. 平均値と中央値が同じとは限りません。

　平均値から正規分布かどうかを判断することはできません。例えば、9 月 1 日には 181 件売れたにもかかわらず、2 日から 30 日までは毎日 1 件しか売れない場合でも、9 月の平均値は 7 件になります。この場合、平均値と最頻値、中央値は異なる値になります。これは極端な例ですが、分布を考えないと傾向がつかめないため、平均値には注意が必要です。

問 8-11 の解答：2

　「中央値」は、データを昇順に並べたとき、中央に位置するデータの値です。
　その他の選択肢が不適切な理由は以下のとおりです。

1. データの総和をデータの個数で割った値は、平均値になります。

3. データ群で最も高い頻度で出現する値は、最頻値になります。

4. データ群の中で最も小さい値と最も大きい値の差のことを範囲（レンジ）といいます。

問 8-12

あなたは、とある施策を実施した結果に対して検定を用いて考察しようとしています。検定について最も適切なものを選びなさい。

1. 差の検定は A/B テストでよく用いられ、A と B に有意差があることを判断するのに用いる。
2. 検定において、検定を行うデータ同士には「差がない」として仮説を立てる対立仮説と、データ同士には「差がある」として仮説を立てる帰無仮説がある。
3. 有意水準とは、その結果が絶対に起こる水準値のことで、一般的に 100% を用いる。
4. 検定で求めた統計量が棄却域以上の場合、帰無仮説が採用され、対立仮説が棄却される。

Reference 公式テキスト参照

8-4-5 統計的仮説検定

問 8-12 の解答：1

　コンバージョン率の向上を目的に A/B テストを行った際、その 2 つに有意差があるかを判断するために、差の検定が用いられます。
　その他の選択肢が不適切な理由は以下のとおりです。

2. 検定を行うデータ同士には「差がない」として仮説を立てる帰無仮説と、データ同士には「差がある」として仮説を立てる対立仮説があります。
3. 有意水準は、一般的には 95% が用いられます。
4. 検定で求めた統計量が棄却域を下回る場合、帰無仮説が採用され、対立仮説が棄却されます。

GA4 実践問題

本章の問題は、実際のウェブ解析士認定試験では GA4 を確認して解く問題です。
実際の試験では、（1）試験に申し込む、（2）ウェブ解析士協会から 1 週間以内に
GA4 の権限が付与される、（3）試験の際はその権限で GA4 にログインし、画面を確
認しながら問題を解く、という流れになります。
本書では解答に GA4 の画面を掲載しますので、どのレポートを確認すればいいかを考
えてください。

問 1

あなたはウェブ解析士協会のウェブ担当として特定期間の新規ユーザー数の報告
を求められています。以下の選択肢で最も近い数字を答えてください。
GA4 のデータをもとに、2023 年 9 月 1 日〜 2023 年 9 月 30 日の期間で、WAC
Report のプロパティのデータをもとにすること。

1. 約 26,000
2. 約 47,000
3. 約 20,000
4. 約 30,000

問1の解答：3

　特定期間の新規ユーザーは、「ライフサイクル」→「集客」→「ユーザー獲得」レポートで確認します。

　「新規ユーザー数」を見ると、20,236とわかります。「イベント数」や「コンバージョン」ではありません。

　また、「ユーザー数」と「新規ユーザー数」の違いも知っておきましょう。

問2

あなたは、ウェブ解析士協会に訪問する年齢層についてのレポートを確認しています。以下の中で正しい記述を選んでください。

GA4 のデータをもとに、2023 年 9 月 1 日〜 2023 年 9 月 30 日の期間で、WAC Report のプロパティのデータをもとにすること。

1. 最もユーザー数が多い年齢層は 45 歳〜 54 歳である。
2. 最もイベント数が多い年齢層は 35 歳〜 44 歳である。
3. 最も新規ユーザー数が少ない年齢層は 18 歳〜 24 歳である。
4. 55 歳〜 64 歳のエンゲージメント率は他の年齢層より高くなっている。

問2の解答：4

　ユーザーの年齢層は、「ユーザー」→「ユーザー属性」→「ユーザー属性の詳細」レポートで確認します。

　「エンゲージメント率」を見ると、55歳〜64歳のエンゲージメント率が他の年齢層より高くなっていることがわかります。

　ただし、「unknown」（年齢層不明）が多いため、精度は正しいかわからない点に注意しましょう。

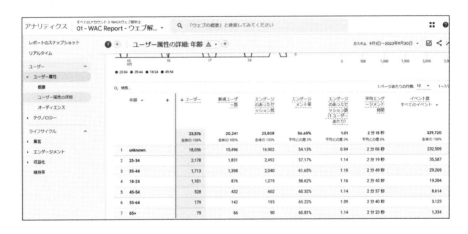

問3

集客キャンペーンの結果について調査報告を受けています。以下の報告書の記述をデータと比較して、最も正しいと思う選択肢を選んでください。
GA4 のデータをもとに、2023 年 9 月 1 日〜 2023 年 9 月 30 日の期間で、WAC Report のプロパティのデータをもとにすること。

1. Display 広告はコンバージョンが獲得できていない。
2. Organic Search のエンゲージのあったセッション数（1 ユーザーあたり）は 2.01 である。
3. Email のエンゲージメント率は最も高くなっている。
4. Organic Social の平均エンゲージメント時間は一番短い。

問3の解答：4

集客キャンペーンの効果は、「ライフサイクル」→「集客」→「ユーザー獲得」レポートで確認します。

「平均エンゲージメント時間」を見ると、「Organic Social」の平均エンゲージメント時間が一番短いことがわかります。

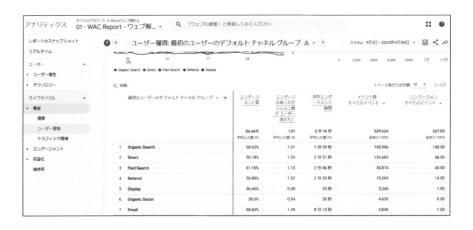

問4

あなたは、ウェブ解析士のサイトのパスワードを忘れたユーザーの動きを調べるため、ページとスクリーンを確認しました。パスワードのリセットのページ（ページタイトル「パスワードのリセット – ウェブ解析士協会名簿」）を見るユーザー数として最も近いものを選んでください。
GA4 のデータをもとに、2023 年 9 月 1 日〜 2023 年 9 月 30 日の期間で、WAC Report のプロパティのデータをもとにすること。

1. 3,300 人
2. 720 人
3. 7,000 人
4. 誰も訪問していない

　特定ページを訪問したユーザー数は、「ライフサイクル」→「エンゲージメント」→「ページとスクリーン」レポートで確認します。

　「パスワードのリセット – ウェブ解析士協会名簿」ページの「ユーザー」を見ると、ユーザー数が 722 とわかります。「イベント数」や「表示回数」ではユーザー数はわかりません。

応用問題の解き方

　ウェブ解析士試験2024は50問出題されます。この50問のうち最後の15問は「応用問題」となります。

　応用問題は「実務で役立つ知識・スキルを測る」ためのものです。テキストのどこかに答えがある問題ではなく、問題文や選択肢に書かれた状況を理解して「より適切な解答」を選びます。

　応用問題の解き方については、例えば下記選択肢をご覧ください。

---

1. ネットショップを独自ドメインで運営し売上を増やしていた。そこで Amazon などのモールにも出店することにした。

　問題文が下記ならどうでしょうか？

問題例 1

自社オリジナルの化粧品の販売を行っていました。利益率は非常に高いです。その化粧品は Amazon などのモールでは一切販売されていません。その状況で、最も適切なものを下記の中から選びなさい。

　これであれば、利便性を高め販売数を増やすためにモールに出店するのはよい選択肢です。つまり正答になります。

では、問題文が下記ならどうでしょうか？

問題例 2

地元密着の店舗とネットショップを運営しています。商品自体は一般で売られているものばかりで、他のネットショップやモールでは安売りも見かけます。

店舗とネットショップの紹介をするチラシを地域に配っており、それを見た地域のお客さんがネットショップも利用してくれています。店舗とネットショップでは共通のポイントを設定し相互利用できる仕組みになっていますが、価格は原則定価販売です。

その状況で、最も適切なものを下記の中から選びなさい。

このような場合、Amazon に出店することは得策ではありません。

商品はどこでも売っているものなので、地域外の顧客が購入する可能性は低いです。また、この店舗とネットショップの共通ポイントは、Amazon などのモールでは使えません。

他の選択肢との兼ね合いはありますが、正答になりません。

このように実務をイメージして最適な解を選ぶのが応用問題です。

テキストに正答がずばり書いてあるわけではありませんし、解答する上で必要な情報の範囲は広いです。テキストを理解した前提で応用問題は作られています。

第1章

ウェブ解析と基本的な指標

公式テキストの第1章からは、ウェブ解析士としてデジタルマーケティングを実践していく上で最も大切な、日本のマーケティングの変遷、ウェブ解析の意義、基本的な指標、法律・ポリシーについて出題されます。

問 1-1

あなたは企業のデジタルマーケティング責任者に就任しました。就任に関して担当者や関連部署にヒアリングを行いました。その中で出てきた課題と対応方法について、最も適切なものを下記の中から選びなさい。

1. クチコミサイトや Google マップなどに掲載されている評価が低く、コメント数が少ないことがわかった。アルバイトを雇用して高い評価のコメントを増やすよう指示し、社長と交渉し予算も確保した。

2. ウェブサイトはセキュリティがしっかりしたレンタルサーバーで運用していることがわかった。バックアップがなく、災害時用の「軽いページ」も用意していなかったが、セキュリティ面の高さを考慮し、追加の対策は見送った。

3. 主に日本からの利用者が多いが、海外の利用者も多いため、Cookie を一切利用しないようにサイト運営担当者に指示をした。

4. 自社で過去に名刺交換をしていた人のメールアドレスを一括で管理し、そこに広告宣伝目的のメールマガジンを送っていることがわかった。メールマガジン送付の許可を得ているかの記録がなかったため、現存するリストに許可確認のメールを配信し、許可の回答を得られているメールアドレスのみに送る運用に改めた。

問 1-1 の解答：4

1. アルバイトを雇用して高い評価のコメントを増やすことは、モラルの欠如した行為です。このようなユーザーを欺く行為はコンプライアンスの問題があるだけではなく、クチコミサイトや Google からペナルティを受ける可能性もあります。一度落ちた信頼はなかなか戻りません。クチコミは評価と受け止め、実際の仕事の評価を上げていくことを考えましょう。

2. 最近ではしっかりとしたセキュリティ対策がされているレンタルサーバーが増えています。しかし災害時等にアクセスが集中すると、サイトの閲覧が困難になることがあります。災害時に軽いページに切り替えると、ネットワーク負荷が下がり閲覧されやすくなります。

   またバックアップがないと、サーバー故障などのトラブル時にサーバー内のデータを利用できず、復旧ができなくなることがあります。BCP を作成し、その計画に基づいた対策を行う必要があります。

3. EU など Cookie 規制がある国や地域があります。しかし、Cookie を利用してはいけないという規制ではありません。Cookie の利用用途に合わせて許可を得る等の仕組みを入れることで対策は行えます。

4. あらかじめ同意していた者に対してのみ、広告宣伝メールの送信が認められる「オプトイン方式」が義務付けられています。名刺交換＝許可と判断できない場合が多いため、許可を得るようにしましょう。他には今後拒否する場合の方法をメールに記載するなどの対策も必要です。

よって、正解は **4.** です。

問 1-2

あなたはネットショップの担当者です。昨今重視されているコンプライアンスに関する対応や、新しいマーケティングに対する取り組みを検討しています。コンプライアンス対応や取り組みとして、最も適切なものを下記の中から選びなさい。

1. サイトへの流入を増やすため、多くの情報を掲載するサイトを構築し、そこからネットショップに誘導することにした。情報量を増やすため、他サイトからの記事流用や、真偽が疑わしい情報も掲載することにした。
2. アフィリエイト広告を開始し、売上を上げることにした。できるだけ多くのアフィリエイターと契約した。その中で誇大広告のような記事を掲載しているアフィリエイターがいたため、そのアフィリエイターとは提携解除の対応をとった。
3. ネットショップの取り扱い商品に対するクチコミを増やして、商品の販売を加速させることにした。そのために、アルバイトを雇い、一般人のふりをして体験談クチコミを量産する施策を実施した。
4. 過去の購入者にメールマガジンによる販促を行っていなかった。これから開始することとし、過去の購入者すべてに今後はメールを配信することにした。

問 1-2 の解答：2

1. 情報サイトを作成し、そこからネットショップに誘導すること自体は問題ありません。しかし、他サイトからの記事流用は著作権に抵触します。また真偽が定かでない情報の掲載は不誠実な施策です。

2. アフィリエイト広告ではアフィリエイターがウェブサイトやブログ等で記事を掲載し広告を掲載することが一般的です。しかしその内容が法令に触れる場合、その責任について広告主も問われることになっています。景品表示法や特定商取引法などの法律に沿って、もしアフィリエイターのページなどに問題がある場合は、注意する、アフィリエイト契約を解除するなどが必要になります。

3. 「芸能人に対価を支払った上で、商品を利用してもらい、良い評判をブログなどに掲載させる」「アルバイトを雇い、商品の感想を一般人の体験談として掲載する」などの捏造した情報で、商品を販促しようとする行為を「ステルスマーケティング」と呼びます。商品・サービスを提供する事業者自身がステルスマーケティングを依頼したのであれば、景品表示法に抵触します。

4. 過去の購入者すべてに今後はメールを配信することにした、という文章からはオプトインしているかどうかわかりません。広告を目的としたメールマガジンはオプトインした人に送るのが原則です。

よって、正解は **2.** です。

問 1-3

あなたはウェブ解析士として顧客からの相談に乗っています。相談を受けた内容と対応方法について、最も適切なものを下記の中から選びなさい。

1. ある顧客のウェブサイトは EU からの閲覧が多く、EU の Cookie 規制について相談を受けたが、ウェブサーバーは日本国内にあり、運営元も日本国内であることから、対策は不要と伝えた。

2. ある顧客の BCP について相談を受けた。レンタルサーバーに掲載しているウェブサイトのバックアップ対策がされておらず不安があったが、災害時などでアクセスが集中したときに備えた「軽いページ」への切り替えの準備ができていることを確認し、追加の対策は不要と伝えた。

3. 健康食品を扱う顧客のコンテンツについて相談を受けた。健康食品利用者の体験談で病気が治ったという内容の記事が掲載されていた。また真偽不明な医療情報も掲載されていた。確認したところ、一部誇張表現があるものの利用者の実体験をもとにしたコンテンツであり、掲載はそのままでよいとアドバイスした。

4. 中小企業の顧客から相談を受けた。社長がデジタルに疎く話が通じないと相談を受けたため、社長と面談し、経営者がデジタルマーケティングの活用戦略を立てることの重要性を伝えて、ウェブ解析士認定講座を受講してもらうことにした。

問 1-3 の解答：4

　ウェブ解析士は広く知識を持つ必要があります。もちろん法律やセキュリティの専門家ではありませんので、自分だけですべてを解決できないかもしれませんが、注意点に気づくことは大切です。不安がある場合は顧客にそれぞれの専門家に相談するよう促しましょう。

1. EU 市場を対象とするウェブやモバイルアプリなどのオンラインサービスで、Cookie をはじめとする電子通信端末装置の読み書き機能を利用する場合、利用者の同意を取得しなければなりません。これはウェブサーバーの場所は関係ありません。
2. セキュリティには様々な要素があります。バックアップがないとサイトの復旧に時間がかかります。定期的なバックアップを取ることは大切です。
3. 健康食品や化粧品に関するコンテンツの掲載は注意が必要です。体験談のような形式でも、誇張した記載は利用者を欺く行為として禁止されています。薬機法に抵触しないか、法律の専門家に確認するようにしましょう。
4. 経営者がデジタルマーケティングの活用戦略を考えることは大切です。そこで道を誤ると経営の危機に陥ったり、コンプライアンス違反を犯す可能性もあります。その手段としてウェブ解析士の知識を得てもらうことは有効です。

　よって、正解は **4.** です。

第2章

事業戦略とマーケティング解析

公式テキストの第2章からは、環境分析としてユーザー分析、市場分析、競合分析、自社分析と新しい製品・サービスの展開方法や、マーケティング解析ツールについて出題されます。

問 2-1

あなたはコンサルティング会社に勤務しています。地方都市で店舗展開をしている顧客企業A社から相談を受けました。

最近A社のお客さんが「東京の会社が運営するネットショップからの購入をする」ケースが以前と比べ大きく増えているということでした。その結果、A社は売上を減らしています。なお、A社はネットショップを運営していません。

その状況でとる行動として、最も適切なものを下記の中から選びなさい。

1. 3C分析の競合分析の対象に「ネットショップ」を加えて分析した。
2. 5フォース分析の「売り手」にネットショップを想定して分析を行った。
3. SWOT分析の「機会」にネットショップを入れて分析を行った。
4. A社がネットショップを運営していない以上、ネットショップを想定せずに4C分析を行った。

このケースでは、顧客企業 A 社の競争環境の変化が起きていることが重要なポイントになります。A 社は「ネットショップを運営していない」こと、また「地方都市で店舗展開をしている」というところから、以前は同じ地域の他店舗と競合していましたが、ネットショップが強力な競合になっていることが「売上を減らしている」ことから推測されます。

そのような前提で分析を行う必要があります。

1. 3C 分析はまず顧客（お客さん）分析を行う必要があります。今回のケースではお客さんの変化があるため、その次に行う競合分析の競合には従来と異なり、ネットショップを入れる必要があります。

2. 5 フォース分析でもネットショップを想定する必要がありますが、ネットショップは「競合」もしくは「新規参入」になります。「売り手」というのは A 社に商品を販売する企業等になるため、該当しません。

3. SWOT 分析においてこのようなネットショップの影響力拡大は外部環境なので、「機会」か「脅威」になります。しかし今回のケースでは、今まで競合でなかったネットショップが競合になってきているという話なので、「機会」ではなく「脅威」として評価するのが適切でしょう。

4. 4C 分析は顧客視点での評価を行うものです。そのため、自社が今やっているかどうかに関係なく分析する必要があり、顧客がネットショップで利便性を感じていることを想定する必要があります。

よって、正解は **1.** です。

問 2-2

あなたは中小企業の経営企画を担当しています。社長より新規事業を行うように指示を受け、その検討を行っています。そこで SWOT 分析およびクロス SWOT 分析を行うことにしました。その際の行動として、最も適切なものを下記の中から選びなさい。

1. SWOT 分析の材料を集めるために 4P 分析に着手した。
2. 新規事業の機会を探るために、既存サイトからヒントを得ようとヒートマップを設置し分析を行うことにした。
3. クロス SWOT 分析を実施した結果、新規事業が WO 戦略に該当することがわかったため、STP 分析を行うことにした。
4. 自社の強み・弱みを考えるために PEST 分析をまず行うことにした。

問 2-2 の解答：3

1. 4P 分析というのは、製品・サービスを構成する要素である「製品（Product）」「価格（Price）」「流通（Place）」「販売促進（Promotion）」を売り手の視点で分析するフレームワークです。
   SWOT 分析が市場の発見を行うのに対して、4P 分析は市場への展開方法を考えるものです。そのため、4P 分析は SWOT 分析の材料を集めるのには役立ちません。むしろ SWOT 分析の結果を踏まえて 4P 分析を行います。

2. SWOT 分析の「機会」は外部環境の変化などから探るものです。ヒートマップは自社のサイト分析に役立つツールですが、外部環境分析には役立ちません。もし利用するのであれば、自社の強み・弱みをサイトの閲覧のされ方から探ることでしょう。

3. クロス SWOT 分析において、WO というのは「弱みであるが機会でもある」という場所のことで、段階的戦略が求められます。
   STP 分析はターゲットユーザーから見た独自性のあるポジションを明確にすることができるため、WO に対する戦略を考える上で STP 分析を用いるのは合理的です。

4. PEST 分析は、「自社ではコントロールできない影響要因」すなわち外部要因を分析する手法です。そのため SWOT 分析との関係性でいえば、機会と脅威の分析につながります。自社の強み・弱みにはつながりません。

よって、正解は **3.** です。

問 2-3

あなたは企業のネットショップ事業を統括するポジションにいます。独自店舗とモールへの出店の両方を行っています。売上比率はモールが 6 割です。
現状売上は横ばいですが、売上や利益を上げるために事業分析を行っています。その結果、様々なことがわかってきました。

- 独自店舗の売上は増えているが、モールの売上は減っている。
- 商品の仕入れ元が倒産等で減っている。
- 海外からの注文が微増だが増えている。
- 独自店舗ではこの 1 年で新規顧客の割合が 30% から 40% に増えている。

上記を踏まえての行動について、最も適切なものを下記の中から選びなさい。

1. 5 フォース分析を行った結果、売り手の競争力が高まる可能性があることがわかり、仕入れ担当に先々の仕入れ値の確約を得るように指示をした。
2. クロス SWOT 分析を行った結果、海外への販売が増える要因が「機会」で見つかったが、自社の「弱点」と重なる「段階的戦略」部分と判断し、海外向けの施策については様子見とした。
3. 4C 分析を行った結果、新たなプロモーション手法が新規にはまり新規顧客の売上が増えていることがわかった。そのため、当面は新規拡大に注力することにした。
4. モールでの売上が減っている理由は、新たな会社がモールに参入し同じ商品を安く販売していることが理由とわかった。そこで 3C 分析を行い、競争を回避するためモールでの展開を縮小することにした。

問 2-3 の解答：1

1. 仕入れ元が減ると売り手の競争力が高まる原因となります。この問題では実際にそれがわかったということです。売り手の競争力が高まると仕入れ値が上がるなど悪影響が出る可能性があるため、それを予防する行動をとることは大切です。

2. 「段階的戦略」に対する備えは「弱みを補うこと」です。方法には他社との連携や社内教育、新規投資などがあります。
   弱みがあるのに海外への売上が増えているのは機会が大きいということです。様子見では勝てなくなるだけなので、何らかの施策を講じることが大切です。

3. ここでは、多かった既存顧客への販売が減っていることを見逃してはいけません。売上が横ばいで新規顧客の割合が増えていることから、既存顧客への販売が減っていることは自明です。そのため、既存顧客対策も行わなければいけません。

4. 勝てないところから逃げることも時には必要です。クロス SWOT 分析での WT がそれに該当します。
   しかし今回の場合、他社が安く販売しているだけなので、「自社ではどうしようもない脅威」とは必ずしもいえません。また売上が多いモールなので、早急な縮小判断はできないでしょう。ここは相手の企業を調べて価格競争をしかけるのか、代替商品を用意するのか検討するなど、まずは対抗策を考え実施することです。

よって、正解は **1.** です。

問 2-4

あなたはサブスクリプションサービスを販売している BtoB 企業のデジタルマーケティング担当者です。事業分析を行ったところ、下記のようなことがわかりました。

- 競合と考えていたのは同種のサービスを販売している会社であったが、用途が違うサービスを代替品として使う利用者が増えていることがわかった。
- 自社のサービスは継続率が高いことが特徴だったが、新規利用企業の獲得に苦戦していた。
- 自社は電話での問い合わせを受けているが、他社は電話での問い合わせを受けていないことがわかった。
- 自社のサービスは機能が多いのに対して、他社は機能を絞っていることがわかった。

上記を踏まえての行動について、最も適切なものを下記の中から選びなさい。

1. 3C 分析を行うことにした。顧客分析と競合分析はそのままに、自社の強み・弱みの分析を中心に行った。
2. 4C 分析の「ユーザーが得る価値」に課題があると推測し、そこに絞った分析を行った。
3. SWOT 分析を行い、そこの強みに「電話でのサポート体制」を設定した。また脅威に代替品の存在を入れた上で、差別化戦略として、電話サポート体制をウェブサイト等で打ち出すようにした。
4. STP 分析を行った。従来はポジショニングを「機能が豊富」「サポートが丁寧」と定義していたが、競合や代替品に対抗するために見直すことにした。

問 2-4 の解答：3

1. 代替品が増えているということは顧客のニーズが変わっており、競合とする企業が変わっている可能性もあります。したがって、3C 分析をやり直すのであれば、顧客分析からやり直す必要があります。

2. 4C 分析は「ユーザーが得る価値(Customer Value)」「ユーザーの負担コスト(Cost to the Customer)」「ユーザーにとっての利便性（Convenience）」「ユーザーとのコミュニケーション（Communication）」で分析するフレームワークです。MECE に分析するためにも、4 つの視点すべてで行いましょう。例えば他社の代替品が売れている理由や、自社が新規を獲得できない理由はユーザーにとっての利便性にある可能性もあります。

3. 自社のみがやっていることから強みと仮定して分析し、代替品を脅威とするのは正しいです。また、強みと脅威が交わるところでは差別化戦略が有効です。

4. STP 分析のポジショニングでは「競合に勝てる軸を定める」ことが大切です。そのため従来のポジショニングが有効である可能性がある以上、見直すのが最適とは限りません。別の商品を新たなセグメントで販売し、ポジショニングを最適化してはいかがでしょうか。

よって、正解は **3.** です。

問 2-5

あなたは企業のウェブ担当者です。運営しているウェブサイトをリニューアルすることになりました。利用者を増やし、使い勝手を改善するなどをして、受注につながる問い合わせを増やしたいと考えています。リニューアルの案を作成する前に、GA4 を用いた分析以外にも調査を行うことにしました。
その際の対応として、最も適切なものを下記の中から選びなさい。

1. Similarweb を用いて、自社の流入状況やページの閲覧状況を確認した。
2. ユーザー行動観察調査を行うこととし、タスク決めに着手した。
3. 新しいウェブサイトで利用する原稿を考えるために、Google トレンドを用いて自社に関係するキーワードの検索推移を調査することにした。
4. ユーザー行動観察調査を行い、サイト利用者が閲覧している文字や画像の特徴を調査することにした。

問 2-5 の解答：3

1. Similarweb は推計値を基本に分析するツールです。そのため、全数調査に近い GA4 で比べると精度が下がることがあります。また、自社サイトの流入状況やページの閲覧状況は GA4 でわかります。

2. ユーザー行動観察調査は、調査の中で重要なタスクを見つけることが目的の 1 つです。そのため、先にタスク決めをする必要はありません。

3. Google トレンドは Google での検索状況を過去にさかのぼって比較することができるツールです。そのため、自社に関係あるワードでの検索が増えているのか、複数ワード比較してボリュームを比較するなど、検索状況を調査することができます。このような特徴から原稿の作成に役立つと考えることが可能です。

4. ユーザー行動観察調査は、対象サイトの UI 上の課題にとどまらず、ユーザーの行動パターンや心理の把握も目的とする手法です。「自社サイト訪問前にどのような行動をしているか」「競合サイトをどのように使うのか」「サイト閲覧後、リアル店舗を訪問したか」など、幅広い行動を対象とします。しかし、具体的にページ内のどこを見ているかわかるわけではありません。そのような目的の場合はアイトラッキングが役立ちます。

よって、正解は **3.** です。

問 2-6

あなたは企業のウェブ担当者です。自社のウェブサイトからの効果が薄れている
と感じています。実際、サイトからの問い合わせ数やエンゲージメント率が低下
しています。そこで様々な調査をすることにしました。行う調査について、最も
適切なものを下記の中から選びなさい。

1. Google トレンドを用いて、自社サイトに流入する検索クエリの検索数とクリック
   数を分析することにした。
2. 競合サイトでヒューリスティック調査を行うことにした。
3. 認知的ウォークスルーを行い、サイトの中に存在する重大な課題を見つけること
   にした。
4. ユーザビリティテストを行い、サイトを訪れる層の共通点を探ることにした。

問 2-6 の解答：3

1. Google トレンドでは検索数の時系列での相対比較は行えますが、絶対数はわかりません。また自社サイトへの流入数はわかりません。

2. 競合サイトでヒューリスティック調査を行うことはありますが、競合サイトは改善対象ではありません。例えばヒューリスティック調査を自社サイトと競合サイトで行い、比較し劣っているところを改善するということであれば意味があるかもしれませんが、競合サイトのみ行っても意味はありません。

3. サイトに致命的な弱点があるとウェブサイトの効果が上がらないことがあります。あるタスクや行動を完遂する上での「重大な課題を見つけ出すこと」を主眼として行うのが認知的ウォークスルーです。

4. ユーザビリティテストは、対象サイトの操作感、つまりユーザーインターフェイス（UI）上の課題把握や評価を行うための手法です。多くの場合、特定サイトやアプリのみを対象とし、事前に決められた行動指示（タスク）をユーザーに提示して、そのタスクが「達成できたか」「スムーズにできたか」「ストレスなくできたか」を確認します。サイトを訪れる層の共通点を探ることには向きません。

よって、正解は **3.** です。

問 2-7

あなたはウェブ解析士として企業から様々な相談を受けています。ある顧客企業がこれから始める新規事業に関するウェブサイトを作ることになり、相談が来ました。ターゲットは従来の事業とは別のターゲットとなります。

ウェブサイトを立ち上げる前に行う調査についてアドバイスを行うことにしました。アドバイスとして、最も適切なものを下記の中から選びなさい。

1. Similarweb を用いて、類似サイトや競合サイトの調査をすることを勧めた。その数字をもとに新サイトの目標指標の設定や流入施策を検討することにつながるためである。

2. Google トレンドで自社新規事業に関するトレンドを調査することを勧めた。検索流入の正確な情報を得て、自社新規商品名など指名ワードでどれぐらい流入を期待できるか推測するためである。

3. 競合企業のウェブサイトのユーザビリティテストを行うことを勧めた。自社サイトのヒントを得るためである。

4. 4P 分析を行うことを勧めた。新規事業と従来の事業を比較して、新規事業を伸ばすための対策を考えるためである。

問 2-7 の解答：1

これから始める事業であること、想定競合はあるかもしれませんが、過去の情報は限られることに留意して、どのような調査が未来に役立つか考えましょう。

1. Similarweb により、他サイトのアクセスに関する情報を得ることができます。正確性には疑問もありますが、参考指標にはなります。また流入割合などもわかるため、競合サービスがどのような集客施策を行っているかのヒントを得ることも可能です。

2. Google トレンドは過去の検索動向を見るツールです。一般名詞などであれば役立つかもしれません。しかし、これから実施する新規事業の指名ワードでの流入はないに等しいと考えられます。したがって、指名ワードに関するヒントを得ることは困難でしょう。

3. ユーザビリティテストはタスクを決めてそれに基づき調査を行います。他社のサイトに関してタスクを決めることは容易でしょうか？　当然ながら、他サイトについて十分な情報を事前に得ることは困難です。ヒューリスティック調査であれば競合サイトの弱点などヒントを得られる可能性もありますが、ユーザビリティテストでは困難です。

4. 4P 分析で「製品（Product）」「価格（Price）」「流通（Place）」「販売促進（Promotion）」を売り手の視点で分析することは新規事業でも有用です。しかしそれを行うのであれば、新規事業と既存事業の比較ではなく、新規事業と競合の比較ではないでしょうか？　ターゲットが違うものを比較してもヒントは得られないように感じます。

よって、正解は **1.** です。

第3章

デジタル化戦略と計画立案

公式テキストの第3章からは、事業戦略に基づいた、デジタル化戦略の5つのモデルの展開方法と、それに基づいたKPI策定と計画立案について出題されます。

問 3-1

あなたは自社メディアのディレクターです。有益なコンテンツを専門家に依頼し自社メディアで配信することでユーザーを集め、サイト内に掲載した広告がクリックされることで広告収益を得ています。また業界に関するニュースの速報を掲載しており、好評を得ていました。収益を増やすための対応として、最も適切なものを下記の中から選びなさい。

1. メディアのインプレッションを増やすために、サイト内にブログを設け、一般の人が誰でも審査なしに記事を書けるようにした。
2. メディアサイトを増やし、現サイトの人気記事を少し加工して新メディアに入れることにした。
3. Xを開設し、記事を紹介するようにした。Xからの流入を増やすため、OGPに改善を行うことにした。
4. サイト内記事の信頼性を高めるため、それまで行ってきた速報性の高いニュース掲載を廃止し、しっかり審査してから掲載することにした。

問 3-1 の解答：3

1. メディアサイトで重要な評判を高める要素として下記 6 つがあります。
   - **信憑性（Credibility）**：コンテンツに嘘や不確かな情報がないこと
   - **権威性（Authority）**：考えや意見で影響を与えたり、指導できたりする力があること
   - **信頼性（Trust）**：信じられるコンテンツで、頼りにできること
   - **先見性（Thought Leadership）**：特定の分野で将来を先取りし、人々の思想や議論形成を引き起こせること
   - **わかりやすさ（Easy to Understand）**：誰でも理解しやすいこと
   - **速報性（Speedy）**：素早く、即時に発信すること

   誰でも記事を掲載でき審査もしないという施策は信憑性、権威性、信頼性を失わせるリスクがあり、サイトの評判を落とす可能性があります。

2. 同じような内容を複数媒体に掲載すると、ターゲットとした消費者が分散するため、結果的に 1 媒体あたりの訪問者数は少なくなり、運用や広告配信も複雑で困難になりがちです。また二重コンテンツとみなされると、SEO 視点からもマイナスになります。

3. メディアサイトで収益を増やすために、SNS を活用しサイトの認知を高めたり、流入を増やすことは有効です。特に X は拡散性もあり、X 内で情報を探す人も引き込めます。

4. メディアにとっては速報性も大事な要素です。間違った配信が多く評判が低ければ見直しも必要ですが、この問題では「好評を得ていた」となっています。

   よって、正解は **3.** です。

問 3-2

あなたは保険代理店のマーケティング担当です。ウェブサイト経由の売上進捗が今年の目標を下回っているため、改善策を求められています。調査したところ、コンバージョン数は未達でしたが、コンバージョン率や成約率、平均成約単価は目標を達成していました。売上目標を達成することを目的に考える場合、最も適切なものを下記の中から選びなさい。

1. ウェブサイトへの訪問者数が増えるようにメディアモデルで認知拡大する。

2. コンバージョンから成約までのプロセスの理解を、リードジェネレーションモデルで深める。

3. コンバージョン率を改善するため、Q&A のページを充実させる。

4. 既存顧客の成約単価を引き上げるため、保険の見直しがいつでも行えるようアプリ導入を促進する。

問 3-2 の解答：1

1. コンバージョン率や成約率、平均成約単価といった比率や割合に関して目標を達成している場合、母数が足りていないことで売上目標を達成できていない可能性が高いです。よって、露出を増やし訪問者の母数を増やす施策が最も適切です。

2. コンバージョン以降のプロセスに課題がないかを理解することも重要ですが、今回の場合はコンバージョン数がそもそも未達のため、訪問者数増加施策のほうが売上への影響度として大きいことが考えられます。

3. コンバージョン率も目標を達成しているだけで改善の余地はある可能性もありますが、比率の改善幅にも限界があります。未達の項目がある場合は、まずその項目において要因分析し、解決施策を投下することが最も効果的です。

4. 成約単価も目標を達成しているだけで改善の余地はある可能性もありますが、単価の改善幅にも限界があります。未達の項目がある場合は、まずその項目において要因分析し、解決施策を投下することが最も効果的です。

よって、正解は **1.** です。

問 3-3

あなたは広告代理店でハイブランドのアパレル企業の広告運用を任されています。クライアントの来年度の売上目標が決まったため、目標達成に向けた戦略提案を予定しています。現状の課題をヒアリングしたところ、「売上目標は前年対比で130%」「既存のアップセルのみでは達成できないが、ロイヤルカスタマーは増やしたい」という声があがりました。売上目標を達成するための KSF を考える場合、最も適切なものを下記の中から選びなさい。

1. 「購入数の増加」と「購入平均単価の向上」
2. 「平均購入単価の向上」と「購入頻度の向上」
3. 「新規購入者数の増加」と「既存顧客の LTV 向上」
4. 「メンズ商品の購入数増加」と「ウィメンズ商品の購入数増加」

問 3-3 の解答：3

1. 単価の高い商品は、既存のアップセルより新規のほうがハードルが高いケースが多いです。今回のクライアントで「購入数の増加」と「購入平均単価の向上」のKSFを作成すると、KPIの設定内容によっては新規獲得の比重が下がり、結果として売上目標達成に結び付かなくなる可能性があります。このようなKSFを設定する場合は、KPIを新規と既存に分けるなど、より細かな設計をすることで売上目標達成につなげていきましょう。

2. 「平均購入単価の向上」と「購入頻度の向上」は、既存のアップセルを目標に置いた場合には活用できますが、新規獲得増加も含めて売上目標達成のプランを作る場合は使いにくいKSFです。

3. 既存と新規で切り分けてクライアントが話している点を踏まえると、「新規購入者数の増加」と「既存顧客のLTV向上」という区分けでKSFを立てて提案したほうが共通認識を深めやすく、最も適切です。

4. 「メンズ商品の購入数増加」と「ウィメンズ商品の購入数増加」は、男性用と女性用で目標が異なる場合は活用できますが、**3.** に記載したとおり、クライアント側での切り分け方が既存と新規である点を考慮したKSFを設定したほうが、認識の齟齬が生まれにくくなります。

よって、正解は **3.** です。

問 3-4

あなたは広告媒体として収益化を図るべく、あるメディアを立ち上げました。広告主や広告代理店が魅力に感じるメディアを目指す場合、最も適切な KPI 設定を下記の中から選びなさい。

1. サイトの直帰率
2. サイトのページビュー数
3. SNS でのユーザーの言及数
4. 外部リンク数

問 3-5

あなたは自社 EC サイトの運営を任されています。新規購入による売上は順調に増えているものの、2 回目の購入率が低いことに悩んでいます。リピート率改善のため要因分析を行う場合、最初に着手する上で最も適切な分析箇所を下記の中から選びなさい。

1. 入力フォームの離脱ポイント
2. RFM 分析
3. キャンセル率や返品率
4. 購入者のクチコミ

問 3-4 の解答：2

1. メディアに掲載した広告を見てくれるほどユーザーの質が良いのかは気になるところですが、そもそも見てくれるユーザーの数が一定以上なければ質が高くても候補には入りません。サイトの直帰率は、数が集まってからの KPI となるでしょう。
2. 広告媒体として、広告主・広告代理店などに選んでもらうためには、まずは多くのユーザーが利用している・閲覧しているメディアである必要があります。
3. SNS 上でユーザーが言及している点を踏まえると一定数以上のユーザーに支持されている可能性もありますが、コアなファンがついている場合だと、ユーザー数と言及数が比例しないこともあります。SNS での言及数は、ユーザー数が集まってからの KPI となるでしょう。
4. 外部リンクとは、ウェブサイト内に貼られている他サイトへ遷移可能なリンクのことです。他サイトに自社メディアへ遷移するリンクが多数あれば、外部からの訪問数の増加が期待できますが、ページビュー数の増加には必ずしもつながりません。

　よって、正解は **2.** です。

問 3-5 の解答：4

1. フォームを改善することで購入率の改善が期待できますが、今回は 2 回目の購入率が課題のため、分析の優先度としては **4.**「購入者のクチコミ」のほうが高くなります。
2. RFM 分析とは、直近の購買日、購買頻度、購買金額について行う分析です。何度かリピート購入されるようになってから行うのが適切なため、RFM 分析を行うにはまだ早いです。
3. 1 回購入したユーザーが 2 回目の購入に至っていない点が最も課題である点から購入後のキャンセルや返品に問題がある可能性もありますが、売上が順調に増えていることから、大きな問題はなさそうです。分析の優先度としては **4.**「購入者のクチコミ」のほうが高くなります。
4. 1 回購入したユーザーが 2 回目の購入に至っていない点が最も課題であるため、まずは 1 回購入したユーザーの評判を調べることが適切です。

　よって、正解は **4.** です。

問 3-6

あなたは EC サイトの店長です。現在は独自店舗のみ運営しており、自社のオリジナル商品のみ 10 点を販売しています。その他の商品は販売していません。類似商品は大手など多数の会社が販売しています。

利益率の高い自社オリジナル商品の売上を増やしたいと考えていますが、その際の施策として最も適切なものを下記の中から選びなさい。

1. Amazon や楽天市場などのモールに出店し、手数料はかかるが売上を拡大することにした。モールでもオリジナル商品の販売のみ行う。

2. 他の商品を取り扱うことにし、大幅に商品数を増やすことにした。取り扱う商品は他の EC サイトでも販売されており価格競争も激しいが、利益率重視のため価格競争には参加しない。

3. 独自店舗のみ、オリジナル商品のみの路線を継続するが、広告コストを抑えて利益率を高めることにした。

4. 他の商品の販売を開始することにした。それらの商品は Amazon や楽天市場でも販売されているため、モールにも出店することにした。

問 3-6 の解答：1

1. 自社店舗のみだと、Amazon などモールでしかものを買わない人を逃がすことになります。もちろん自社店舗のほうが販促活動しやすい利点がありますが、売上を伸ばしていく場合に、モールは有効です。

2. どこでも販売されている商品は、EC では価格競争になります。そのため、価格競争の覚悟がない場合には売上を伸ばしていくのが困難です。また、どこでも売っている商品をそのお店で買う理由を説明できません。

3. 独自店舗の弱点は認知拡大です。広告コストを抑えるとそこが弱くなるため、売上を伸ばしたい場合の考えとしては合いません。

4. 他の商品をモールで売る理由が見いだせません。他社も販売しているため競争が激しい上に、購入者が自社の顧客リストになるわけではないのでオリジナル商品の販売につなげるのも困難です。

よって、正解は **1.** です。

問 3-7

あなたはとある SaaS 企業のマーケティング担当です。リード獲得からリードナーチャリングまでを、あなたが担当しています。獲得リードの数、インサイドセールスへトスしているリードの数は目標達成していますが、リードが商談につながっていないと知らされました。あなたが次にとるべき行動として、最も適切なものを下記の中から選びなさい。

1. インサイドセールスにトスしたリードの質が悪いと仮説を立て、メディアへの広告出稿をすべて停止する。
2. インサイドセールスにトスしたリードの質が悪いと仮説を立て、インサイドセールスにトスする条件とナーチャリングコンテンツを見直す。
3. リードの量が足りないと判断し、急いで現在と同じメディアへの広告出稿費を増額する。
4. リードの量が足りないと判断し、リード獲得のために新企画ウェビナーの準備に入る。

問 3-8

あなたは既存顧客が利用するクローズドなサイトのサポートページを担当しています。コールセンターの人件費を削減しても顧客満足度向上につながるよう、サポートページには FAQ を掲載しています。あなたが KPI として定める指標として、最も適切なものを下記の中から選びなさい。

1. コールセンターへの問い合わせ数
2. サポートページへのセッション数
3. サポートページの満足率
4. サポートページの精読率

問 3-7 の解答：2

1. 複数のメディアに広告出稿しているので、中には意図しないリードを獲得してしまっているメディアもあるかもしれませんが、すべてを停止するのは早計です。
2. インサイドセールスがリードにコンタクトして商談化していないのは、リードの質が悪い・リードの検討フェーズが浅い・有望なリードではないと考えられます。リードの質が悪い状態でインサイドセールスにトスし続けても、インサイドセールスの工数がかかってしまうだけです。したがって、インサイドセールスへトスする条件を、リードの検討フェーズが進んだと判断できるタイミングへと見直すと同時に、検討フェーズを進めるためのナーチャリングコンテンツを用意することが最も適切です。
3. 獲得リードの数は目標を達成しているので、メディアへの広告出稿費を増やしてリードを増やす前に、リードの質を疑って対策を考えるほうが先決です。
4. 獲得リードの数は目標を達成しているので、リード獲得のために新企画ウェビナーを行うよりも、ナーチャリングコンテンツとしてリードの検討フェーズを進めるために新企画ウェビナーを行うべきです。

よって、正解は **2.** です。

問 3-8 の解答：1

1. サポートページの目的として「顧客満足度向上」がありますが、前提条件として「コールセンターの人件費を削減しても」という点があります。サポートページを作ったことで人件費が削減できたのか、つまりコールセンターへの問い合わせ数が減少しているのかをまずは KPI として定めることが適切です。
2. 多くのユーザーが利用していることがわかると、サポートページが活用されていると想定できますが、結果として人件費の削減につながっているかはわかりません。
3. サポートページの満足率が上がることは「顧客満足度向上」につながっているといえますが、人件費を削減できているかは見えません。
4. 精読率が高いことは良いことですが、人件費を削減できているかは見えません。

よって、正解は **1.** です。

問 3-9

あなたの顧客は 1 年前にリリースしたゲームアプリを販売することで収益を得ています。アプリ自体は無料ですが、ゲームの展開に有利なアイテムを課金して購入することもできます。ユーザーは順調に拡大していますが、課金を一切しないユーザーが多く、収益が安定しません。対策を求められたあなたが、最も重視する KPI を下記の中から選びなさい。

1. 課金率
2. ダウンロード数
3. ARPU
4. チャーン率

問 3-9 の解答：3

1. 課金率とは、全体利用者のうち、課金しているユーザーの割合を表します。課金率を上げることで全体の収益向上を図ることも大切ですが、収益をいち早く安定させることを重視するのであれば、課金していないユーザーが課金するように働きかけるより、課金しているユーザーが満足するコンテンツを用意し、さらに課金してもらうほうが適切です。

2. 課金ユーザーを増やすため、継続してダウンロード数を追うことも重要ですが、収益の安定化に直接的には結び付かないため、優先度としては低いです。

3. ARPU とは、1 ユーザーあたりの平均課金額を表します。課金しているユーザーは、このゲームで課金することに納得しているため、さらに満足してもらうコンテンツを用意し、ARPU 改善につながっているかを KPI として設定することが最も適切です。

4. チャーン率とは、解約率を表します。サービスを維持していく上で解約率も重要ですが、収益が安定しない要因が課金しないユーザーが多いことである点を踏まえると、解約率よりも課金額の増加を確認できる KPI のほうが適切です。

よって、正解は **3.** です。

ウェブ解析の設計

公式テキストの第4章からは、事業戦略とデジタル化戦略から導き出された施策を正確に測定するために、ウェブ解析ツールを実装させるための設計方法について出題されます。

問 4-1

あなたは新規事業部門のデジタルマーケティング担当者です。ウェブ解析の設計を行う必要があります。その際に実施することとして、最も適切なものを下記の中から選びなさい。

1. 一部外部サービス（別ドメイン）を使うため、別々に GA4 の準備を行い、外部サービスと自社のウェブサイトにそれぞれ設定することにした。
2. ウェブサイト公開前に GA4 の設定を行い、ウェブサイト公開後に実際に設定したデータが取れているかどうか検証した。
3. 自社や制作会社など外部関係会社にアクセスする際の IP アドレスの情報を確認し、記録した。その内容をもとに GA4 で関係者の除外設定を行った。
4. ウェブサイトを立ち上げる場合、立ち上げに集中するためにまずは立ち上げまでに必要な人材の確保に集中することにし、即戦力人材のみで構成することにした。

問 4-1 の解答：3

1. 別ドメインでも解析ツールの設定が可能であれば、同じ GA4 を設定し、クロスドメイン設定や参照元除外の設定をすることが推奨されます。

2. ウェブサイト公開前（制作時）に GA4 の設定をしましょう。そして、事前に確認が可能なものは公開前に検証を行います。そのため、「ウェブサイト公開後」というところは適切ではありません。
   Google タグマネージャー（GTM）を利用している場合は「プレビュー」機能でも可能ですし、GTM を利用していなくてもデータの取得は可能です。
   もしコンバージョンの設定をしている場合は、そこも事前に確認しましょう。

3. ウェブサイトを運用する上で、関係者のアクセスはノイズとなって判断を妨げる原因になります。そのため、できる限り測定対象から排除するようにしましょう。IP アドレスで排除することが可能であるため、排除設定を行いましょう。
   サイト運用開始後に IP アドレスが変わった場合などに、適宜設定を追加していくこともお勧めします。

4. 初期の立ち上げも大切ですが、運用も大切です。立ち上げてから運用の体制を整備することは危険なので、運用時の体制（人員確保含む）はあらかじめ考えましょう。また、教育体制も大切です。

よって、正解は **3.** です。

問 4-2

あなたはウェブ制作会社に所属しており、中小企業から相談を受けました。その企業内にはウェブ専任の担当者はおらず、ページの更新は可能ですがそれ以外の運用に関しては不安を抱えています。

上記の状況で、ウェブサイトのリニューアルを実施しました。その際、Googleタグマネージャー（GTM）でGA4の設定を行いました。

リニューアル時に行う施策について、最も適切なものを下記の中から選びなさい。

1. Google Search Console の設定を行った際に、サイトマップの設定をするようにした。

2. GTM の設定を行った。専任の担当者がいないということだったので、タグマネジメントツール設計指示書は作成しなかった。

3. 解析に不要なデータを記録しないため、ウェブサイト公開直前に GTM の設定を行い、動作確認は公開直後に行った。

4. お客さんや自社の IP アドレスの除外をすることにしたが、GA4 にデータが適切にたまるか確認するため、最初は除外せずに GA4 の正常動作が確認できたのちに GA4 の設定で IP アドレスの除外設定を行った。その後、実際にアクセスが記録されないことを確認した。

問 4-2 の解答：4

1. サイトの規模が小さい場合、Google Search Console にサイトマップの送信はしないほうがよい場合があります。ウェブサイトを更新しても、サイトマップの更新を忘れると新しいページがクロールされない可能性があります。また、サイトマップの更新をしなくてもクロールはされます。
   なお、Google Search Console の登録は必須です。

2. タグマネジメントツール設計指示書があれば、仮に初期にプロジェクトに関わっていなかった専門家が見れば状況がわかるようになります。将来に備え、記録することが望ましいです。

3. GTM の設定を行っても正常に動作するとは限りません。ウェブサイトの公開までにプレビュー機能を使うなどして動作を確認後、GTM の公開を行いましょう。もちろんウェブサイト公開後にも動作を確認することは大切です。

4. お客さんやウェブ制作会社等の「内部トラフィック」を除外することは解析する上で重要です。しかし実務を考えてみましょう。最初から除外すると、適切に設定されているか確認できません。そのため、実験時は除外しないほうがよい場合があります。実務では状況に応じて設定のタイミングを考えることが求められます。

よって、正解は **4.** です。

問 4-3

あなたは自社サービスをウェブサイトで販売する会社のウェブ担当者です。ウェブサイトをリニューアルし、新たに解析の設計および設定を行うことになりました。

Google タグマネージャー（GTM）および GA4 を導入しています。

上記の状況で行う設計や設定について、最も適切なものを下記の中から選びなさい。

1. 外部のショッピングカートやフォームサービスを利用している。いずれも別ドメインであるため、解析除外の設定を行い解析対象から外した。

2. リニューアル後に、GTM で GA4 の追加設定を行う必要が発生した。GTM で実装し、プレビューでデータ取得のテストを行ったが、想定どおりの結果にならなかったため何度もテストを行い実装した。プレビューで行った場合は解析データが GA4 に記録されないため、特に解析関係者に共有しなかった。

3. Google 広告や Facebook 広告などデジタル広告施策を行うため、コンバージョンページにコンバージョンタグの設定をすることになった。そのため、タグマネジメントツール設計指示書にタグの概要、発火条件や変数、格納する値などを明記した上で、GTM で設定した。

4. 情報整理を行い、サーバーやドメインなどをまとめ関係者に共有した。そこには自社が管理するドメインで運営するウェブサイト、外部のフォームサービス、運用している SNS 等を入れた。利用している広告や YouTube は外した。

問 4-3 の解答：3

1. 外部サービスを利用している場合でも、できるだけ解析対象にしたほうがよいです。また、その際にする設定の 1 つに「参照元除外」があります。解析除外ではありません。

2. GTM のプレビューで設定を確認する場合でも、GA にはデータは記録されています。影響がありそうな場合は、関係者にテストした旨を共有したほうがよいでしょう。

3. 広告タグを設定する場合、意図によってタグの発火条件などが異なる場合もありますし、複数の広告があると値などがわからなくなることもあります。そのため、タグマネジメントツール設計指示書に記載し確認の上、GTM で設定しましょう。

4. 解析の設定をする上で、「どこに」「どのような情報が」「どのような形で」存在するのかといった全体像を把握します。その際は関係するものをすべて含めるため、運用している広告や YouTube があればそれも含めます。

よって、正解は **3.** です。

問 4-4

あなたは街中に店舗を運営しています。また、独自ドメインで運営するウェブサイトでは店舗の紹介に加えて、EC も運営しています。EC の決済は外部ドメインに遷移し、完了画面は独自ドメインに戻ってきます。

少人数で運営しているため、負担を減らしながら来店・EC ともに売上を上げていきたいと考えています。ウェブサイトの解析のため、Google タグマネージャー（GTM）を導入しています。

この状況で、最も適切なものを下記の中から選びなさい。

1. ウェブサイトに掲載している電話ボタンのクリック数計測を行う設定を GTM で行った。その上で、電話ボタンがクリックされたページの分析を行うことにした。ページの情報を充実させれば、電話することなく、来店や購入をしなかったユーザーの満足度を上げられると考えたからである。

2. EC 決済部分は外部サービスで、GTM のタグを貼ることはできないとわかったため、特別な対応を行わなかった。

3. メルマガを発行している。今月メルマガに掲載する同じキャンペーン内容で、エリアを絞って Google 広告を配信することにした。想定される対象やキャンペーン内容が同じため、utm パラメータは同じものにした。

4. 来店されたお客さんに、EC の利用も紹介する名刺サイズのカードを渡している。そこには EC ページの URL を QR コードで掲載している。その URL に utm_source は EC、utm_medium は web とパラメータを付けた。

問 4-4 の解答：1

1. 電話ボタンがクリックされた回数を、GTM を用いたイベント設定で取得することができます。クリック数だけではなく、どこのページでクリックされたのかを把握すれば、どのページが電話しようと思うきっかけになったかを検証することができます。受電を減らすだけではなく、そのページでわからないことがあり離脱した人の来店にもつながる可能性があるのではないでしょうか。
2. 外部サービスでクロスドメイン対応が難しければ、参照元除外で対応します。それにより、流入経路を分析する際や CV 分析の際に分析が行いやすくなります。
3. 同じ内容のメルマガと広告であれば、utm_campaign は同じでよいでしょう。しかし utm_source と utm_medium は別々にして、メルマガと広告別々に効果を測定できるようにするのが適切です。
4. utm_source は媒体名、utm_medium はメディアの種類を付けます。その観点でいえば、utm_source は店舗で配ったものであることがわかることが望ましく、例えば shop や店舗の場所を示す英数字が適切でしょう。また、utm_medium は qr や card など配った形式がわかるものが適切です。

よって、正解は **1.** です。

問 4-5

あなたは BtoB で問い合わせ獲得を主な目的とするサービスサイトを運営しています。フォームでメールアドレス等を入れて申し込むと完了ページに「資料をダウンロード」するリンクを設定しダウンロードできる仕組みを導入しています。その際、メールマガジンを送付するオプトインの設定をしています。
また、マーケティングオートメーション（MA）ツールを導入しています。ウェブサイトの解析のため、Google タグマネージャー（GTM）も導入しています。
この状況で、最も適切なものを下記の中から選びなさい。

1. GA4 にコンバージョン設定をすることにした。ダウンロードリンクのクリックは GA4 で設定できないため、その 1 つ前のステップにあたる「完了ページ」表示をコンバージョンとして設定した。

2. 資料をダウンロードしたすべてのメールアドレス宛に 3 日に一度あらかじめ設定したメールを送付している。21 日後に電話で状況を確認するルーチンを決めて実行している。

3. 資料をダウンロードした人に絞り込んで GA4 で行動をチェックしている。その結果、ダウンロードしてもその後配信するメールをクリックしてページを訪れている人が少ないことがわかったので、配信するメールのタイミングや内容を見直した。

4. ステップメールの反応を見るために、utm_medium を email、utm_campaign は step で毎回統一した。

問 4-5 の解答：3

1. GA4 では、GTM を利用することでクリックなどのイベント計測が可能です。今回のように2つのステップがある場合は、完了ページとクリックの両方をコンバージョン設定することも可能ですが、最終的なコンバージョンはダウンロードにつながるクリックが適切でしょう。

2. 資料をダウンロードした人により、置かれている状況や態度変容は異なります。ウェブサイトの訪問やメールの開封といったユーザー行動に基づいてルールを決めて配信するのは有効かもしれませんが、それをせずに一律に対応するのは適切な使い方ではありません。

3. 設定をすれば、ダウンロードした人に絞った解析が可能になります。そういった情報でセグメントを行い分析することで得た考察をもとに、ウェブやメールなどの施策を改善することは有用です。

4. utm_campaign はステップメールの内容により変えたほうが好ましいです。仮に同じリンク先であっても配信のタイミングなどにより違いを見るためです。

　よって、正解は **3.** です。

問 4-6

あなたは企業のウェブサイト担当者です。新しくイーコマースサイトを立ち上げることになり、GA4 を設置しようとしています。GA4 の設置に関して、最も適切なものを下記の中から選びなさい。

1. 内部トラフィック（関係者のアクセス）を IP アドレスで除外する設定を行うことにした。プロパティ単位で特定の IP アドレスからアクセスを除外する設定をした。
2. ページが 50% までスクロールされた回数を計測したい。GA4 では自動的にスクロールが計測されるため、特別な設定をしなかった。
3. コンバージョンの設定を行うことにした。「コンバージョンとしてマークを付ける」を有効にしたかったが、コンバージョンに見合うイベントが存在していなかったので、そのコンバージョンの設定は見送った。
4. イーコマースサイトのカート機能は別ドメインになっている。カートにも GA4 のタグを設置したが、その他には、何も追加設定しなかった。

問 4-6 の解答：1

1. GA4 では「プロパティ」で IP アドレスを除外します。

2. GA4 では初期設定でスクロール数が記録されますが、90% に達したときのみ記録されます。そのため、「50%」を計測する場合は新たに設定する必要があります。GA4 で初期設定で取得されるイベントは他にもありますが、その設定が自社で取得したい情報として不十分な場合は、GTM 等で設定することをお勧めします。

3. GA4 ではイベントを作ることができますし、それをコンバージョンに適用できます。必要な指標はどうすれば取れるか考えたり相談したりして設定することが大切になります。

4. カート機能が別ドメインで、そのカートにも GA4 のタグを設置できるのであれば、クロスドメインの設定をします。クロスドメインの設定をしないと、ドメインを遷移したときに別ユーザーとして識別されて、一貫した解析ができなくなってしまいます。

よって、正解は **1.** です。

問 4-7

あなたは企業のウェブサイト担当者です。BtoB のサービスを提供しています。ウェブからお試し利用をフォームで申し込み、一定期間を経ると正式契約となります。フォームはお試し利用フォーム、問い合わせフォーム、解約フォームがあります。問い合わせは契約方法や利用方法に関するものが多いです。FAQ ページも今後増やしていく予定です。

このようなサイトの解析設定や改善施策として、最も適切なものを下記の中から選びなさい。

1. 問い合わせフォームの完了ページをコンバージョンとして設定した。そのコンバージョンにつながっている FAQ ページはユーザーの疑問解消に役立っていると判断し、逆に少ないページは役立っていないと判断して改善することにした。

2. お試し利用フォームの完了ページをコンバージョンとして設定した。そして、そのコンバージョンページを閲覧したユーザーが見ている FAQ ページの情報を充実させることにした。

3. 3 つのフォームの完了ページを 1 つのイベントに設定した上でコンバージョン設定を行った。そして、コンバージョンしたユーザーに絞り込んで各解析画面を閲覧可能な設定を行った。

4. MA ツールを導入し、お試し利用をしたユーザーに対して、お試し期間は一律にメールを配信する設定を行った。そして、メール配信 1 週間後に必ず電話するようにした。

問 4-7 の解答：2

1. 問い合わせフォームへの遷移が多いということは、ユーザーが疑問を解消できなかったということではないでしょうか？　むしろそちらのほうが改善が必要です。
2. お試し利用したユーザーを正式契約につなげることが大切です。お試し利用ユーザーの判別を可能にし、そのユーザーの動向を追うことは改善につながります。
3. 3つの申し込み完了ページをコンバージョンとして設定することはよいでしょう。しかし、この3つは特性が全く異なります。1つのイベントにしてしまっては、その後の分析に役立たなくなるのではないでしょうか？　例えば「解約した人」に絞った解析は解約防止につながるでしょうし、「問い合わせした人」に絞ればFAQページの改善につながります。
4. MA ツールはリードナーチャリングを行い契約意欲を高め、しかるべきタイミングで「リードクオリフィケーション」で購買意欲の高いリードを選び出し、セールス活動につなげるという一連の作業を「非対面」で行うことができます。そのため、その「購買意欲の高いリード」を選び出すステップを行わなければ利用する目的が薄れます。

よって、正解は **2.** です。

インプレッションの解析

公式テキストの第5章からは、ウェブサイトに訪問する前にユーザーが訪れたメディアの表示回数、インプレッションについて出題されます。

問 5-1

あなたは企業の広告担当です。Paid Search（検索広告）と Display（ディスプレイ広告）を行っています。前月の数字は下表のとおりです。

	合計	Paid Search	Display
インプレッション数	4,500,000	500,000	4,000,000
クリック率	0.33%	1.00%	0.25%
クリック数	15,000	5,000	10,000
コンバージョン数	130	120	10
広告費用	¥1,000,000	¥500,000	¥500,000

コンバージョンを増やすことを目的に考える場合、最も適切なものを下記の中から選びなさい。なお、検索広告とディスプレイ広告ではランディングページが異なるものとします。

1. 検索広告を廃止し、ディスプレイ広告にその広告費用を振り向けた。
2. 検索広告の効率性が低いため、ランディングページをディスプレイ広告と同じものにした。
3. 検索広告の CPC が高いため、CPC が高い順番に検索クエリの出稿を停止して、CPC が低い検索クエリのインプレッションシェアを高めることにした。
4. ディスプレイ広告の予算を半減させ、残りの予算で別の対象に広告を配信しコンバージョン率の測定を行う改善サイクルを回し、コンバージョン率が高いものが見つかればそれに予算を割くことにした。

問 5-1 の解答：4

問題にある表に CPC、CPA、コンバージョン率を入れると下表のようになります。これらの数字を踏まえて、各選択肢を検討します。

	合計	Paid Search	Display
インプレッション数	4,500,000	500,000	4,000,000
クリック率	0.33%	1.00%	0.25%
クリック数	15,000	5,000	10,000
コンバージョン率（CVR）	0.87%	2.4%	0.1%
コンバージョン数	130	120	10
広告費用	¥1,000,000	¥500,000	¥500,000
CPA	¥7,692	¥4,167	¥50,000
CPC	¥67	¥100	¥50

1. ディスプレイ広告はコンバージョン数もコンバージョン率も少ないため、ディスプレイ広告に絞るとコンバージョンは下がる可能性が高いです。
2. 検索広告はコンバージョン率が高く、効率性が低いということはないです。また、コンバージョン率を比較する限り、ランディングページを変えたほうがよい理由がありません。
3. 検索広告の CPC が高いのは事実です。ただし、CPC が高いこととコンバージョン率に関連性はありません。時には今回のように、CPC が高く、かつコンバージョン率が高い検索クエリもあります。したがって、取捨選択するのであれば、コンバージョン率も考慮し CPA なども検討する必要があります。
4. ディスプレイ広告の効率が低い結果が出ていますが、その理由を探ることが大事です。そのため、ディスプレイ広告の改善を予算を分けて試していくことは長期的に成果が出る可能性があります。

よって、正解は **4.** です。

問 5-2

あなたは新規事業の立ち上げを任されました。まずはいち早く、より多くの方に
サービスを認知してもらう施策を検討しています。この場合、最も適切な施策を
下記の中から選びなさい。

1. SEO を実施する。
2. SNS アカウントでの投稿を実施する。
3. ウェブ広告を実施する。
4. YouTube での動画投稿を実施する。

問 5-3

あなたの顧客はフィットネスジムの運営をしています。3店舗目のオープンに伴い、
集客のためにウェブ広告を使いたいと相談されました。新店舗用のウェブサイト
は今月より閲覧できるようになっています。この場合、最も適切な施策提案を下
記の中から選びなさい。

1. 店舗名キーワードでの検索連動型広告を提案する。
2. 年齢や地域を絞った動画広告を提案する。
3. リターゲティング広告を提案する。
4. 年齢や地域だけでなく、配信面を「断食」「ファスティング」に関するコンテンツ
   を掲載しているウェブサイトに絞ったディスプレイ広告を提案する。

問 5-2 の解答：3

1. SEO は費用対効果も高く重要な施策ですが、検索結果画面で検索ページの上位にウェブサイトを掲載できるようにするまでには時間がかかります。効果が出るまでのスピード面で優先度は下がります。
2. SNS アカウント運用も、SEO と同様に効果が出るまでに時間がかかるケースが多いです。効果が出るまでのスピード面で優先度は下がります。
3. いち早く、多くの方に認知してもらうにはウェブ広告が有効です。
4. YouTube に関しても、SEO や SNS アカウント運用と同様に効果が出るまでに時間がかかるケースが多いです。効果が出るまでのスピード面で優先度は下がります。

　よって、正解は **3.** です。

問 5-3 の解答：2

1. 店舗名キーワードで検索するユーザーは CV に至る確率が最も高いですが、新店舗となると認知度が低く、検索ボリュームは期待できません。認知拡大してきたときには有効ですが、優先度は下がります。
2. フィットネスジムは自宅や職場など近隣の人に認知してもらうことで集客につながる可能性が高いため、年齢や地域を絞った広告は最も適切な施策です。
3. リターゲティング広告はウェブサイトに訪問したユーザーに対してディスプレイ広告で追客する広告手法です。すでにウェブサイトに訪れたことのあるユーザーに対して広告を配信するため、問い合わせに至る可能性は高いですが、新店舗用のウェブサイト閲覧者数が少ないことが想定されます。認知拡大して訪問者が増えてきたときには有効ですが、優先度は下がります。
4. 「断食」や「ファスティング」に関心があるユーザーはダイエットに関心を持っている可能性はありますが、フィットネスジムに関心を持っているとは限りません。また、ターゲットを絞りすぎると CPC が高くなる可能性が高まるため、新店舗の利用者層がどんなことに関心を持っているか傾向が見えた上で掲載面を絞り込むほうが有効です。

　よって、正解は **2.** です。

問 5-4

あなたはとある SaaS 企業のマーケティング担当です。ウェビナー集客で得たリードに対し、メールを配信し、問い合わせ数の増加を目指しています。リード数、メール内のリンククリック率、問い合わせ率は目標を達成していますが、問い合わせ数が足りません。あなたがまず最初にとるべき対策として、最も適切なものを下記の中から選びなさい。

1. 入力フォームや電話問い合わせの導線を見直す。
2. ウェビナーの開催頻度を上げる。
3. メール本文を見直す。
4. メールタイトルを見直す。

問 5-5

あなたは自社の EC サイト運営を任されています。利益率の高い売上拡大施策として、SEO を実施しています。社名やブランド名以外の検索語句でも、検索エンジンで検索結果画面の上位に自社サイトが表示されるようになり 1 か月以上経過しました。一方で売上にはつながっていません。あなたが次にとるべき行動として、最も適切なものを下記の中から選びなさい。

1. ウェブサイトの表示速度に課題があると仮説を立て、速度改善を図る。
2. 外部リンクが少ないと仮説を立て、紹介してもらいやすい記事コンテンツを制作する。
3. インフォメーショナルクエリでの流入が多いと想定し、トランザクショナルクエリでの上位表示ができるよう記事コンテンツを見直す。
4. アルゴリズムのアップデートで一時的に順位が変動したと仮説を立て、様子を見る。

問 5-4 の解答：4

1. 問い合わせ率が目標達成している点を踏まえると、フォームなど問い合わせに至るまでの導線に大きな課題がある可能性は低いです。
2. ウェビナーの開催頻度向上はリード数の増加につながります。リード数が目標達成している点を踏まえると、施策の優先度は下がります。
3. メール本文を見直すと、メール内のリンククリック率向上が期待できます。メール内のリンククリック率が目標達成している点を踏まえると、施策の優先度は下がります。
4. メールタイトルを見直すと、開封率向上が期待できます。リード数と、メール開封後のリンククリック率と問い合わせ率は目標達成している点を踏まえると、リードに対して送信したメールの開封率に課題がある可能性があるため、これが最も適切な対策です。

よって、正解は **4.** です。

問 5-5 の解答：3

1. 可能性としては 0 ではありませんが、表示速度が遅い場合は検索結果画面の上位にもサイト表示されにくくなります。上位表示はされていることから、施策の優先度は下がります。
2. 外部リンクが多ければよいわけではありませんが、検索結果画面の上位に表示される上で外部リンクも評価の対象となります。上位表示はされていることから、施策の優先度は下がります。
3. サイトへ流入する際の検索語句が「○○とは」といったいわゆるインフォメーショナルクエリの場合、売上に至るまでに時間がかかったり、売上にはつながらないケースが多いです。購入に至ってくれそうなユーザーの検索語句傾向を理解し、コンテンツを見直すことが最も適切な施策です。
4. アルゴリズムのアップデートで順位が上がるケースもありますが、1 か月その状態なのは一時的なものと考えにくいです。

よって、正解は **3.** です。

問 5-6

あなたは自社のウェブ広告運用を任されています。表示回数とクリック率、CTA
のクリック率は目標を達成していますが、コンバージョン率が低い傾向が続いて
います。コンバージョン率の改善を図る場合、最も適切な施策を下記の中から選
びなさい。

1. 登録キーワードを追加する。
2. 広告クリエイティブを見直す。
3. 入力フォームを見直す。
4. CTA ボタンの位置を変更する。

5

問 5-6 の解答：3

1. 登録キーワードを追加すると、表示回数やクリック数の増加が期待できます。表示回数やクリック数は目標達成しているため、施策の優先度は下がります。
2. 広告クリエイティブを見直すと、クリック率向上が期待できます。クリック率は目標達成しているため、施策の優先度は下がります。
3. CTA はクリックされているのにコンバージョン率が低いということは、入力フォームに課題がある可能性が高いです。
4. CTA ボタンをわかりやすくすると、CTA のクリック率や直帰率の改善が期待できます。CTA のクリック率は目標達成しているため、施策の優先度は下がります。

よって、正解は **3.** です。

問 5-7

あなたは地元では知名度がある飲食店数店舗を運営する会社の SEO・MEO 担当です。来訪者を増やすほか、訪問経路（店舗への行き方）などに関する電話問い合わせを減らしたいという課題があります。行う施策の中で、最も適切なものを下記の中から選びなさい。

1. Google Search Console で未来訪のクエリを調査し、そのクエリに該当するコンテンツを各店舗のウェブサイトに掲載することにした。

2. Google ビジネスプロフィールでクチコミを確認の上、クレーム投稿以外に返信した。また投稿数を増やすため、自動生成ツールを導入し投稿数を大幅に増やした。

3. 自社サイトの Google Search Console 登録状況を確認し、不十分な場合は登録することにした。また、Google ビジネスプロフィールで各店舗のオーナー登録状況を確認し、未登録の店舗の登録を進めることにした。

4. 検索クエリをブランド／非ブランド、Know ／ Do ／ Buy ／ Go に分けて洗い出した。その上で、Know クエリと非ブランドクエリの対策に絞って対策を行うことにした。

5

問 5-7 の解答：3

1. 未来訪のクエリは Google Search Console では把握できないため、実際に検索窓にクエリを入力して関連クエリを調べたり、様々な外部ツールで調べることが必要です。

2. まずクレーム投稿にも対応しましょう。そのような投稿の返信を見ている人がいるため、丁寧に誠実に回答することは無駄ではありません。また、そのようなものから目を背ける姿勢は担当者としてふさわしくありません。

   また、Google のガイドラインで自動生成のコンテンツを投稿することは禁止されています。ガイドライン違反は不利益をもたらすことがあるので、注意してください。むしろ問い合わせなどから投稿するコンテンツを考えて投稿することが大切です。

3. Google Search Console に登録しておくと、検索クエリの状況やページのインデックス状況などを把握することができます。そこから課題の抽出ができるので、必ず登録しましょう。

   同様に Google ビジネスプロフィールもオーナー登録しましょう。オーナー登録をしていなくても情報の登録や修正ができますが、制約がありますし、コメントへの返信ができません。インサイトの分析もできるので、必ず登録しましょう。

4. Know クエリは行動からは遠い検索クエリであることが多いです。知名度がある飲食店の場合、店舗名等から行き方などを調べることがあり、Go クエリの対策が必要です。同様の理由からブランドクエリ対策も重要です。

よって、正解は **3.** です。

第6章

エンゲージメントと間接効果

公式テキストの第6章からは、永続的な事業の発展に必要なエンゲージメントと、広告の成果を正しく理解するための広告の間接効果について出題されます。

問 6-1

あなたは企業のデジタルマーケティング担当者です。主に商品Aを販売していきたいと考えています。方針を定めるために各種調査等を行うことにしました。この調査について、最も適切なものを下記の中から選びなさい。

1. オンラインで商品Aを購入した人に1年前にNPSのアンケートを行った。その際はプラスの数字が出ていた。今回再度行ったところ、1年前よりはスコアは減っていたがプラスであったため、1年で改善されたと判断し、1年間でやってきた施策は当面継続することとした。

2. 商品Aの動画広告を実施したが、再生数は多かったもののLPへのクリック数は少なかった。そこで、動画広告を行う前と行った後でGoogleで商品Aの検索数が増えているかサーチリフト調査を行い、増えていたため動画広告の効果とみなした。

3. Xで商品Aに関するコメントを集めて、ポジティブ・ネガティブに分けていった。が、ネガティブのはっが多く、改善に活かせないと判断し、収集を中止した。

4. 商品Aは何度も広告を見ることで購入意欲が高まるのではないかという社内意見があったため、ラストクリックコンバージョンを重視し検証することにした。

問 6-1 の解答：2

1. NPS の数字は一喜一憂するものではなく、相対的に比較する必要があります。1年前よりスコアが減っていたのであれば、改善されていない可能性もあると見るべきです。
   また、商品の特性や調査対象などにより左右されるので、プラスであればよく、マイナスなら問題ありというものでもありません。

2. 広告によっては認知に貢献するものの、即効性に欠けるものがあります。例えば広告を見てその場ではクリックなどの反応をしなかったものの、それによって知ったため検索して購入につながることもあります。このような場合に、商品名での検索数増加に貢献したかを測ることで効果を検証することができます。

3. X でのコメントを収集し、その内容をもとに商品開発や販売活動などに活かすことは有用です。ネガティブコメントが多いから無用ということはありません。

4. ラストクリックコンバージョンは、最後にクリックした広告を購入につながったとして評価する考え方です。何度も広告を見たことも評価するのであれば、アトリビューションによる評価が必要です。

　

よって、正解は **2.** です。

問 6-2

あなたは企業のデジタルマーケティング担当者です。自社のブランド強化を図るために、SNS運用を強化しようと考えています。Facebook、Instagram、Xを運用しています。この場合、最も適切な施策を下記の中から選びなさい。

1. これまでは一方的に配信するばかりであったが、自社や業界に関する投稿のリポストや自社に関する投稿へのアクティブサポートなどを強化し、SNS内におけるブランド強化を重視することにした。

2. エンゲージメントを重視する方針にし、Xにおいてはリポスト数を重視するようにした。そのため、投稿頻度を上げるとともに認知・関心・ブランド力の向上に関わらない内容も含めて「バズる」投稿を増やす方針とした。

3. SNSの投稿を増やすことにした。しかし、3メディアの運用負担が大きいため、3メディアで同じ投稿内容（画像・ハッシュタグ・文章）にすることにした。

4. KPIとしてサイトへの遷移を最重視することとし、KPIをクリック数にした。

問 6-2 の解答：1

1. SNS は生活者の発信の場であるため、いろいろな情報が発信されます。企業が一方的に発信するだけではなく、内容に合わせて生活者の投稿にアクティブサポートすることでブランド価値が上がることがあります。

2. 「バズる」投稿は SNS 運用の目的に合致することが大切です。今回は自社のブランド強化のための SNS 運用なので、それに即していることが必要です。炎上を引き起こしてブランドを毀損する可能性もあるので、そのようなことがないように、どのように「バズる」ことを目指すかを社内で決める必要があるでしょう。

3. 運用負担を無理のない範囲にすることは大切です。しかし、SNS メディアにはそれぞれ特徴があります。そのため、同じ内容では閲覧者の共感を得られなかったり、綺麗に閲覧できないこともあります。また制約も異なるため、同じ内容で投稿することはお勧めしません。

4. クリック数も KPI の 1 つにはなりますが、「ブランド強化」が目的であればフォロワー数の増加や投稿のエンゲージメントなども重要な指標です。また、サイトへの遷移を最重視するということは、リンクを設定する投稿のみになりますが、それは適切とはいえません。

よって、正解は **1.** です。

問 6-3

あなたは企業のデジタルマーケティング担当者です。デジタル広告やメール配信、SNS を運用しています。これまでは KPI を CPA とし、ラストクリックコンバージョン重視で効果測定していましたが、見直しを検討しています。この場合、最も適切な施策を下記の中から選びなさい。

1. 定期的に登録者にメールマガジンを配信している。メールマガジンのクリック数は多いもののラストクリックコンバージョンが少ないため、メールマガジン配信を一時期停止したところコンバージョン数が全体で減ってしまった。そこで、ビュースルーコンバージョンを KPI にすることにした。

2. リーチ目的でディスプレイ広告を多く配信すると、クリック数は多くないにもかかわらず、その後、検索数が増える傾向を把握した。そのため、ディスプレイ広告においてはビュースルーコンバージョンを KPI として設定した。

3. SNS 広告をクリック目的で行っている。複数の広告を何度もクリックした結果コンバージョンに至る顧客が多いと感じ、ファーストクリックモデルで効果検証することにした。

4. SNS のオーガニック運用のコンバージョン効果が感じられないため、運用を停止した。

問 6-3 の解答：2

1. メールマガジンのクリック数が多いのにラストクリックコンバージョン数が少ないということなので、この効果を検証するにはファーストクリックコンバージョンもしくは線形モデルによるアトリビューション検証が必要です。ビュースルーコンバージョンではありません。

2. 広告をクリックしなくても、広告を見たことで、後日、広告以外の経路からサイトに訪問し、コンバージョンすることをビュースルーコンバージョンといいます。広告を見たことで認知し、その後、検索などの行動を経てコンバージョンする場合、ラストクリックコンバージョンでは評価されませんが、ビュースルーコンバージョンを用いれば評価可能です。

3. 複数の広告をクリックしている場合、最初の広告が有効なのか明確にはわからないでしょう。このような場合は、線形モデル（コンバージョンに至る前に経由したすべてのチャネルに均等に割り当て）が望ましいです。

4. SNS の効果は直接的な効果とは限りません。このような場合はコンバージョン推移と投稿の関係を調べたり、ラストクリックコンバージョン以外の方法での検証を試みるべきです。

よって、正解は **2.** です。

問 6-4

あなたは新たに SNS の担当者に就任しました。これまで行っていた運営方針を確認し、運営方針を定めることにしました。運営方針として、最も適切なものを下記の中から選びなさい。

1. インフルエンサーマーケティングを行うことにした。時間がないため、インフルエンサーに商品を送らず、インフルエンサーに依頼する投稿内容や頻度の依頼書を作成することにした。
2. X アカウントがあるが、投稿はあまり行っておらず、アクティブサポートにのみ利用してきた。これでは効果がないため、X アカウントを停止し運用を止めることにした。
3. Facebook ページを運営しており、エンゲージメント率を KPI として測定してきた。エンゲージメントの中にコメントの割合が高かったため、そのコメントの内容をポジティブ・ネガティブに分類し評価することにした。
4. Instagram の運用負担が大きいことがわかったので、Facebook の投稿をそのまま Instagram の投稿に利用することにした。

6

問 6-4 の解答：3

1. インフルエンサーマーケティングはインフルエンサー自身が、その商品やサービスを魅力的に伝えられることが重要です。そのため、実際に商品を利用してもらうことが大切です。また、発信方法や頻度、内容はできるだけ意見しないでください。

2. X では情報発信も大切ですが、アクティブサポートも重要な役割で、それを行うにはアカウントが必要です。情報発信が十分できないから効果がないということはありません。

3. SNS においては定量分析のみならず定性分析が重要です。コメントの数だけではなく、その内容を分析することで、その後の SNS 運用や事業運営のヒントを得ることができます。

4. Instagram と Facebook は同じ会社のサービスですが、ユーザーの活用方法は異なります。また、ハッシュタグの使われ方や、リンクの有無等大きな違いがあります。Facebook の投稿をそのまま Instagram の投稿に利用することは最適ではありません。

よって、正解は **3.** です。

問 6-5

あなたは企業の広告担当者です。これまでは主に Google や Yahoo! の検索広告やディスプレイ広告を手がけていました。今後は SNS 広告の運用を増やしていこうと思っています。この場合、最も適切な施策を下記の中から選びなさい。

1. これまでの広告運用では、CPC、クリック率を KPI にしていたため、SNS 広告でもその 2 つを KPI にすることにした。
2. Facebook 広告を行うことにした。運用中の Facebook ページが存在しそのまま使うことにしたが、広告は SNS 運用と切り離して考えても問題がないため、SNS 担当者とは特に協議せずに広告を行った。
3. X 広告を行うことにした。そこではリーチを優先した動画広告を実施することにしたが、その広告実施前と実施後で「オーガニック検索の検索数」を KPI に設定することにした。
4. Instagram 広告を行うことにした。Instagram の運用ではハッシュタグを使って多くの投稿をしているが、ハッシュタグ検索で広告が表示されることはないため、ハッシュタグを広告に含める意味はないと考え、広告にハッシュタグを入れなかった。

6

問 6-5 の解答：3

1. 検索広告は「探している」人が多いですが、SNS はそのような利用のほうが多い わけではありません。また、RsEsPs などで説明されるように、様々な体験を経て 行動がされます。そしてエンゲージメントの考え方からすれば、広告は時にはリー チやエンゲージメント(いいね！など)などを目的にするほうがよい場合もあります。 そのため、これまでと同様という理由で KPI を定めるのは適切とはいえません。

2. Facebook 広告を実施すれば、フォロワーが増えたり認知がされる可能性がありま す。その広告施策と、SNS 運用内容が異なることは得策ではありません。例えば、 エンゲージメント目的で Facebook 広告を実施した場合、SNS の運用がされてい なければその意味は減ってしまいます。SNS の運用目的と合わせて広告施策を行 う必要があります。

3. X で広告を見てブランドや商品・サービスに好感や興味を持った人が検索するケー スが考えられます。認知したブランドが検索行為につながることを「サーチリフト」 といいます。サーチリフトを評価するために「オーガニック検索の検索数」を KPI とすることは 1 つの有効な方法です。

4. Instagram でハッシュタグを入れた広告を配信してもハッシュタグ検索でヒットは しません。ただし、広告を見た人がそのハッシュタグで検索することで、他の投稿 も見てくれる可能性があるため無意味ということはありません。

よって、正解は **3.** です。

問 6-6

あなたは企業の SNS 担当者です。Facebook、Instagram、X の運用を行っています。今後運用強化を図り、解析にも力を入れる予定です。今後の施策として、最も適切なものを下記の中から選びなさい。

1. Facebook において、エンゲージメント率の高い投稿と低い投稿があるため、高い投稿の共通点を分析した。その結果、写真が掲載されている投稿のエンゲージメント率が高いことがわかったため、投稿には写真を入れることにした。

2. Facebook で自社のウェブサイトの共有投稿を増やすことにした。実際に投稿してみると画像が表示されなかったため、新たに画像を作成し、それを自社ウェブサイト URL と一緒に投稿することにした。

3. X でエンゲージメント率が高いもののインプレッションが少ない投稿 A、エンゲージメント率が低いもののインプレッションが多い投稿 B があることがわかった。2 つの特徴を比較し、投稿 A の特徴がわかったため、今後の投稿はすべて投稿 A タイプにし、投稿 B タイプは廃止した。

4. 海外向けの SNS 広告を行うことにした。Facebook 広告を配信することにしたが、Instagram は配信面から外した。

6

問 6-6 の解答：1

1. 解析した上で、良い投稿の特徴を探し出すのは大切です。このケースの場合、写真が付いている投稿のエンゲージメント率が高いということなので、写真を入れた投稿を増やすのは有効な手段でしょう。

2. Facebook でウェブサイトの URL を共有すると、画像や見出しが自動的に表示されます。これが表示されない場合は、ウェブサイトの OGP 設定が適切でない場合があります。今回は自社のウェブサイトなので、OGP 設定を適切に行うことが大事でしょう。画像を添付しても、もし他の人が共有する場合にはまたそのような手続きが必要です。第三者に共有してもらうためにも OGP 設定は必ずしましょう。

3. X にはエンゲージメントとインプレッションの要素があり、どちらも重要な指標になります。このケースのようにどちらかの指標に優れている投稿がある場合は、どちらかに絞るのではなく、目的に合わせて併用したり、両方の特徴を活かす投稿を作ることが正しいです。特にインプレッションが多い投稿は何らかのトレンドをつかんでいる可能性があるので、そこも分析しましょう。

4. Instagram は Facebook に比べればグローバルでの利用者数は少ないですが、決して少なくないユーザー数がいます。したがって、無条件に外すことは適切ではありません。

よって、正解は **1.** です。

問 6-7

あなたは企業の SNS 担当者です。新商品を販売することになり、インフルエンサーを活用したプロモーションを検討しています。このプロモーションについて、最も適切なものを下記の中から選びなさい。

1. 自社と相性が良さそうなインフルエンサーがいたが、ファン数が5万人と少なかったため、起用しないこととした。
2. 過去に自社の別商品を利用しているインフルエンサーがいることがわかった。そのため新商品は送らず、こちらから掲載内容に関するアドバイスを行い、投稿してもらうことにした。
3. Instagram のフォロワーが多い著名人に依頼することにした。ただしインフルエンサーとしての活動をしているか不明であったため、掲載する内容をこちらで指定し、PR 表示もしないようにお願いした。
4. インフルエンサーの選定に関しては、過去の投稿を分析し、自社の商品に関心を持っていただけそうなインフルエンサーを選定した。

6

問 6-7 の解答：4

1. ファン数は多いほうが望ましいですが、商品の使用イメージを想起しやすいマイクロインフルエンサーに依頼することも検討する必要があります。相性が良いのであれば、ファン数だけを理由に起用しないという判断は適切ではありません。

2. インフルエンサーには商品を使ってもらい、その上で投稿してもらうことが大切です。過去に別商品を利用していても、新製品を正しく理解しその上でフォロワーなどに自分の言葉で投稿をしてくれるかはわかりません。

3. まず著名人だからよいというものではありません。自社の商品に関心を示さない人であれば、良い投稿はできません。
   また、過去にインフルエンサーとしての活動があるのかは投稿などを見ればわかることがあります。もし不明ならば確認しましょう。そして掲載する内容はインフルエンサーに任せること、PR 表示をすることは必須です。

4. インフルエンサーが自社の商品に関心を持ってくれることは大切です。なぜならインフルエンサーのブランディングやスタンスに合わせて商品を取り上げることがインフルエンサーにとってもよいですし、そこにつながるファンへ魅力ある投稿ができる可能性があるからです。

よって、正解は **4.** です。

オウンドメディアの解析と改善

公式テキストの第7章からは、オウンドメディアの解析・改善手法などについて出題されます。

問 7-1

あなたは会社の本部に勤務するウェブ解析担当者です。デジタルマーケティングの施策は、本部および各支店等が行っています。ウェブサイトの解析について、最も適切なものを下記の中から選びなさい。

1. GA4 の Direct がここ数か月急増していることに気づいた。各支店等に確認したところ、イベントで配布するチラシや名刺に QR コードを付けてウェブサイトに案内していることがわかった。そこで、紙媒体に掲載する QR コードに設定する URL には必ずパラメータを付けることを指示し、ルールを共有した。

2. GA4 のレポートを確認し、直帰率の高いランディングページをピックアップした。直帰率は、「アクティブユーザーのうち、ランディングページだけ閲覧して離脱したユーザーの割合」なので、各ページのファーストビューの改善に着手した。

3. 個別ユーザーの行動を確認して課題を見つけようと考え、ファネルデータ探索レポートを作成した。

4. ページが 50% までスクロールされた回数を計測したい。GA4 では自動的にスクロールが計測されるため、特別な設定をしなかった。

問 7-1 の解答：1

1. 紙媒体の QR コードから URL にアクセスすると Direct になります。
   適切なパラメータを設定すれば、「参照元」等に情報が入るため解析がしやすくなります。各支店ばらばらのルールだと把握が困難になるため、統一ルールを作成し周知しましょう。

2. 直帰率は「ランディングページだけ閲覧して離脱したユーザー」の割合ではなく、エンゲージメントのなかったセッションの割合です。「直帰率 ＝ 100% － エンゲージメント率」で計算できます。

3. 個別ユーザーの行動を確認するのは、ユーザーエクスプローラレポートです。ユーザーエクスプローラは、探索レポートのメニューの 1 つです。ユーザーごとに、どのページを閲覧したのか、どのイベントを発生したのか、などを確認できます。

4. GA4 のデフォルトの設定では 90% のスクロールのみが取得されます。そのため、それと異なるスクロール率の設定をする場合は、GA4 に関しても別途設定しましょう。

よって、正解は **1.** です。

問 7-2

あなたは事業会社のマーケティング担当です。GA4 の「ユーザー獲得」レポートで月次のパフォーマンスを確認している際にディスプレイ広告チャネルの変化に気づきました。ユーザー数は変化がないのに、エンゲージメント率が前月に比べて大幅に低くなっています。詳細を確認するとスクロールのイベント数が大幅に減少していました。そのディスプレイ広告のランディングページは直近で修正などを加えていません。このときにあなたがすべき行動として、最も適切と思うものを選びなさい。

1. ディスプレイ広告に使われている広告文がランディングページのコンテンツに対して適切でなくなった可能性があるので、広告担当者にディスプレイ広告内容を確認する。
2. Paid Search など他のチャネルの状況も確認し、同じような下落状況であれば季節要因と判断し原因追究は特段行わないことにする。
3. 広告の表示回数を減らしたことによる流入ユーザーの減少でターゲットに届きづらくなった可能性があるので、広告担当者に出稿状況の確認をする。
4. スクロールが低下した要因はわからないので、要因を特定するための A/B テストを行うことにする。

7

問 7-2 の解答：1

1. ランディングページは変わっていない状況でユーザー数には変化がないのにスクロールのイベントが大幅に減少しているのは、訪問者の期待値が変わった可能性が高いと考えられます。そのため、まずはディスプレイ広告について現状の確認が必要となります。
2. GA4 などの解析ツールを使い、数値を把握したら、月次比較やメディア比較なども行い原因を特定して改善につなげます。
3. ユーザー数には変化がないので、広告の表示回数を減らしたことによる流入ユーザーの減少でターゲットに届きづらくなった可能性は低いと考えられます。
4. A/B テストはランディングページを改善するために実施するテストの 1 つです。要因を特定するためではなく、要因を特定した後の施策の成果を比べるために A/B テストを使用します。

よって、正解は **1.** です。

問 7-3

あなたは採用メディア企業のウェブ担当者です。フレッシャーズ向けの新企画のために、20代のモバイル利用者から人気の高い記事ページについてGA4を使って解析したいと考えています。下記の中で最も適切な方法を選びなさい。

1. 新規ユーザーがウェブサイトを訪れた後に閲覧するページを見つけるのに役立つ「データ探索レポート経路データ探索」で特定する。
2. 「データ探索レポートセグメントの重複」を使いモバイルと20代のセグメントの両方の重なりからユーザーセグメントを作成。そのユーザーエクスプローラを使い、個別に人気のページを確認していく。
3. 標準レポートの「ライフサイクル」→「集客」→「ページとスクリーン」レポートでデバイスカテゴリと年代を組み合わせて表示回数などを確認し、人気の高いページを特定する。
4. 「データ探索レポート自由形式」を使い、ディメンションにページタイトル、デバイス、年齢、値は表示回数として探索レポートを作成して特定する。

問 7-3 の解答：4

1. 「データ探索レポート経路データ探索」はどのようなプロセスでアクセスしてきたのかなどサイト内の動きを確認することに向いています。

2. 「データ探索レポートセグメントの重複」は共通の属性を持つユーザーの集まりを比較してそれらの重複状況と相互関係を確認できるレポートです。その重なりからユーザーセグメントを作成して、ユーザーエクスプローラを使い個別に人気のページを確認することは可能ですが、全体の人気ページを把握することには向いていません。

3. 標準レポートではそのレポートに対してセカンダリディメンションを使ってデータを組み合わせることは可能ですが、3つ以上の組み合わせはできません。その場合は、データ探索を利用します。

4. 「データ探索レポート自由形式」はディメンションや指標を自由に組み合わせることができるレポートです。ディメンションにページタイトル、デバイス、年齢、値は表示回数とすれば人気の高いページを特定できます。

よって、正解は **4.** です。

問 7-4

あなたはウェブデザイナーとして顧客 A 社のウェブサイトの改善をしています。改善施策について、最も適切なものを下記の中から選びなさい。

1. 問い合わせフォームで電話番号の入力欄での離脱が多いことがわかったため、入力制限を設定し、「-」ありの半角数字しか登録できない仕様にした。
2. A/B テストツールの利用を A 社に提案。A/B テストを行い、効果が高かったクリエイティブや配置にリニューアルした。
3. アテンションヒートマップを導入し、クリックされている箇所を測定し、リンクが設定されていないのにクリックされている箇所の画像を変える、もしくはリンク可能にするなど改善を行った。
4. GA4 でフォームの閲覧数、フォームの破棄率などを測定できる設定を行い、その結果を踏まえて、決済手段の絞り込みなどを行った。

問 7-4 の解答：2

1. 制約があればあるほど問い合わせの障害になります。問い合わせ者が全角・半角の切り替えをできなかったり、「-」の入力をできない可能性があります。企業側の都合はありますが、電話番号欄での離脱を減らすのであれば、制約はなくすか、電話番号欄を 3 つに分けて入力してもらうなど工夫が必要です。

2. A/B テストは、ページ内のパターンを変更して行うテストです。A パターン・B パターンのように異なったコンテンツを用意し、テストページを訪れたユーザーにそれぞれのパターンがランダムで表示されるようにして、どちらのパターンが成果を出すのかを検証します。

3. アテンションヒートマップはスクロールしたときに、どのエリアが見られているかわかる機能です。クリックされているかどうかはわかりません。

4. フォームの閲覧数やフォームの破棄率などを測定可能な状態にし、課題を把握することは大切です。ただし、手段は広げることが大事で、「決済手段の絞り込み」は改善手段として適切ではありません。

よって、正解は **2.** です。

問 7-5

あなたはウェブ制作会社に所属するウェブ解析士です。ウェブサイトを立ち上げて1年ほど経つが、サイトからの問い合わせが全然ない、という悩みを持つ新規クライアントに対して改善提案を行う予定です。この提案について、最も適切なものを下記の中から選びなさい。

1. 現状のサイト状況をGA4などの解析ツールで確認し、流入数がずっと少ないことがわかった。ウェブサイトのコンテンツや表現がターゲットに合っていない可能性を考え、サイトの全面リニューアルを提案する。

2. まずは詳細をヒアリングし、現状のサイト状況をGA4などの解析ツールで確認。そこで流入数やコンバージョンなどの状況や市場分析などウェブ解析を行いながら、問題点を深掘りし、仮説を設定し、それに基づき効果の高い施策を提案する。

3. 詳細をヒアリングすると、クライアントはフォームの改修を希望していた。現状、問い合わせがないのでデータは特に確認せず、希望どおりに修正できる方法を検討し提案することにする。

4. 現状のサイト状況をGA4などの解析ツールで確認すると、流入チャネルはOrganic検索のみ、しかもTOPページからの流入が少ないことが判明した。フォームへの遷移数は少ないがTOPページの流入を増やせば全体の回遊につながる可能性が高いので、ウェブ広告を始める提案をする。

7

問 7-5 の解答：2

1. 流入数が少ない理由はウェブサイトのコンテンツや表現だけの問題とは限りません。GA4 などの解析ツールで流入元を、Google Search Console で検索流入などを確認し、総合的に原因を判断することで最適な提案を行うことが可能になります。

2. ウェブサイトを改善するにはヒアリングが重要です。問い合わせがない理由がサイト自体の問題なのか、他に起因することなのかを特定するためにもしっかりヒアリングを行いましょう。ウェブサイト自体の問題を把握するには、GA4 などの解析ツールで現状を確認していきます。原因と思われる要因を特定したら、そこから導き出された仮説に基づき効果の高い施策を提案し、実行後に効果を検証していきます。

3. 流入はあるのに問い合わせがないのか、流入はなく問い合わせもないのかで打ち手が変わります。また、クライアントの要望とは違うところに原因がある場合もあるので、改善提案の際には必ず解析データを確認しましょう。

4. TOP ページの流入を増やしても、全体の回遊につながるかはサイトによって異なります。今回の場合、TOP ページからフォームへの遷移数が少ないので、フォームへの流入導線を確認し、流入元となるページの改善を提案するほうが、広告で TOP ページに集客するより有効と考えられます。

よって、正解は **2.** です。

問 7-6

あなたはアウトドア商品を扱うイーコマースモデルのデジタルマーケティング担当です。トラフィック数やコンバージョン数は毎月改善施策を重ね、順調に増えていましたが、ここ 3 か月は鈍化しています。解析データを見ると、オウンドメディアでのコンバージョン率が伸びていません。訪問するユーザーは増えているのに、コンバージョン率は横ばいで上がっていません。

この状況であなたがコンバージョン率を高めるために最初にすべき行動として、最も適切なものを下記の中から選びなさい。

1. 申し込みフォームの入力項目を減らす。

2. 広告文とランディングページの表示に相違がないようにする。

3. 離脱が起こっているページやコンバージョン経路の解析を行い、仮説を持って改善施策を検討する。

4. 販促の一環で販売サイトの TOP ページに宣伝としてポップアップ表示をする。

問 7-6 の解答：3

1. 今回のケースでは、コンバージョン率は低下していないので、申し込みフォームに問題がある可能性は低いと考えられます。
2. 訪問するユーザー数が増えているので、訪問者の期待する内容と広告に相違がある可能性は低いと考えられます。
3. コンバージョン率を上げるためには、販売サイトの構造と成果の全体像を把握し、より成果が見込める施策を行うためにアクセス解析を行い、そこから導き出された仮説から施策を行うことが重要です。
4. ウェブページでのポップアップは売り込みを表示するのではなく、お問い合わせやキャンペーンなどユーザーが購入の意思決定をする前段階の情報提供を行うことが効果的です。

よって、正解は **3.** です。

問 7-7

あなたは、ウェブマーケティング支援会社でコンサルをしています。ウェブサイトの運用支援をご契約中のお客様から「ページに問題やエラーが発生していて、ユーザーが閲覧や操作ができなくなっているページを特定するにはどうしたらいいか？」という問い合わせを受けました。クライアントに対するアドバイスとして、最も適切なものを下記の中から選びなさい。

1. チャネルごとのエンゲージメント率や新規ユーザー率などを柔軟に調べて問題を発見する「データ探索レポート自由形式」を利用することを提案する。

2. 商品購入までのユーザーの導線のどこでユーザーが多く離脱しているかを調べる「データ探索レポートファネルデータ探索」を利用することを提案する。

3. 毎日投稿しているブログの記事でリピーターの集客につながっているものを日別で調べる「データ探索レポートコホートデータ」を利用することを提案する。

4. どのようなプロセスでアクセスしてきたのかなど、サイト内の動きを確認することができる「データ探索レポート経路データ探索」を利用することを提案する。

7

問 7-7 の解答：4

1. 「データ探索レポート自由形式」はディメンションや指標を組み合わせてカスタマイズした表を作成できます。表、折れ線グラフ、散布図、地図などの自由なレポートを作成するのに向いています。

2. 「データ探索レポートファネルデータ探索」はユーザーがコンバージョンに至るまでのプロセスをビジュアル表示し、各ステップでのユーザーの通過率など動向を素早く確認することに向いています。

3. 「データ探索レポートコホートデータ」はユーザーを属性や条件でグループごとに分類し、そのグループに属するユーザーの動向を分析するのに向いています。

4. 「データ探索レポート経路データ探索」はユーザーがウェブサイトやアプリを回遊している経路を視覚的に把握できます。連続するノードで全く同じ値が表示されることは通常はないのですが、タブの設定部分の「特別なノードのみ表示」をオンにすると同じノードが連続して表示されるようになります。こうすることで問題のあるページを把握できるようになります。

よって、正解は **4.** です。

ウェブ解析士のレポーティング

公式テキストの第8章からは、事業の成果につながるレポーティングを行うために必要となる知識について出題されます。

問8-1

あなたは企業のデジタルマーケティング責任者です。戦略や施策を検討するために、各種レポートの改訂を各担当者に依頼する予定です。依頼内容について、最も適切なものを下記の中から選びなさい。

1. 競合調査や検索分析、自社サイト分析などが混じっているため、様々なツールが使われることが想定された。そこで、データの出処やセグメント条件をすべてのレポートに明記するよう依頼した。

2. レポートの枚数が多く、読むのに時間がかかる。そのため、1つのページに多くのメッセージを詰め込むように依頼をした。

3. 都道府県別のページビューが棒グラフで作成されていた。比較がしにくいと感じ、円グラフにするよう指示した。

4. 競合他社の分析をインターネット視聴率調査で行っていたが、精度が低いため、今後は不要と伝えた。

問 8-1 の解答：1

1. ウェブ解析のレポートでは、GA4 に限らず様々なデータを用いて解析します。出処が同じデータ同士であれば比較も容易ですが、異なれば比較は意味を持たなくなります。データの精度も異なりますし、それを頭に入れて分析する必要があります。また、継続的にレポートを作成する際に担当が変わることもあり、そのためデータ抽出を間違えることも起きてしまいます。そこでデータの出処が必要になります。出処だけではなく、期間やセグメント条件も書くようにしましょう。

2. レポート枚数が多いと確かに読むのに時間がかかります。しかし 1 つのページに多くのメッセージを入れると、メッセージが伝わりにくくなります。読むのに時間がかかるという課題に対しては、エグゼクティブサマリーを付けるなど他の対策があります。詰め込みには注意しましょう。

3. 円グラフは要素が多いと理解しにくくなります。そのため、要素が多いもの（例えば、47 個の要素がある都道府県）には向きません。

4. インターネット視聴率調査は確かに精度が低い場合があります。しかし、同じような精度で自社との比較もできますし、精度を理解した上で見る場合は参考にすることができます。

よって、正解は **1.** です。

問 8-2

あなたは企業のデジタルマーケティング担当です。毎月広告代理店やウェブ解析士からレポートの提出を受けています。そのレポートの内容や形式についての見直しを検討しています。その内容について、最も適切なものを下記の中から選びなさい。

1. データを比較しているページにおいて、網羅性を考えて比較対象以外のデータも多く記載していた。比較対象以外のデータは不要と考えて、比較対象のみへと変更するよう依頼した。

2. レポートにグラフを多用していたが、見た目の改善をしたいと考えた。そこで棒グラフは目盛りを省略、その他のグラフも色をカラフルにするよう依頼した。

3. これまでのレポートは様々な数字やグラフとそこからの示唆コメントが同じページに記載されていた。示唆だけまとまったページが欲しいと考え、様々な数字やグラフが記載されているページからは示唆コメントを削除するよう依頼した。

4. レポートで使われているデータの出典や期間が各表やグラフに書かれていたが、閲覧時の邪魔になるため、レポートの最後のページにまとめて記載するよう依頼した。

問 8-2 の解答：1

1. レポートでは、伝えるべきことは伝え、伝えなくてよいことは省くことも求められます。比較対象以外のデータが多数記載されていると、注目すべきデータがわかりにくくなってしまいます。比較対象以外のデータは省き、伝わりやすくします。

2. 目盛りを省略すると、データを読み間違える可能性があります。また、カラフルにすると余計な情報となり、判断がしにくくなります。目盛りやバーの省略をせず、色数を抑える以外にも、立体グラフを使わない、表現に合うグラフを使う、などグラフの注意点を確認してください。

3. 示唆を得るコメントだけを見たいということはあります。そのような場合は、冒頭に「エグゼクティブサマリー」を追加してもらいましょう。
数字やグラフの付近にそのコメントがないと、根拠がわかりにくくなることもあります。1 チャート 1 メッセージの原則でコメントは残したままで、二重になりますがエグゼクティブサマリーに書いてもらいましょう。

4. レポートの出典や範囲は正しい判断をする際に重要な要素になります。レポートが独り歩きする可能性もありますし、誤解を防ぐためにも表やグラフのそばに常に記載するようにしましょう。

よって、正解は **1.** です。

問 8-3

あなたは企業のデジタルマーケティング担当です。上司にウェブ解析レポートを提出しています。上司は多忙で、デジタルマーケティングに関する知識もそれほど多いわけではありません。その上司から様々な指摘を受けました。その指摘に対する改善方法について、最も適切なものを下記の中から選びなさい。

1. 知識が乏しいため、先に進んで読んだり戻って読み直したりしているので構成を考えてほしいという指摘を受けた。そこで BI ツールで 1 枚のレポートを作成し、今後はそれで見てもらうことにした。

2. レポートのボリュームが多すぎて読む時間がないのでボリュームを減らしてほしいという指摘を受けた。そこで冒頭に入れていたエグゼクティブサマリーと最後に入れていた用語説明、課題管理表を削除し、表やグラフなどのデータのページのみにした。

3. 表を多く入れているが、今までは必要な指標に絞っていた。上司からその指標が何を意味するかよくわからないという指摘を受けたため、1 つの表に入れる指標を増やすことにした。

4. レポートの各ページに記載されているメッセージがわかりにくいという指摘を受けた。そこで各ページのタイトルを従来の「PV 数の年間推移」のような固定のものから「SNS からの流入が増えた結果、前月は過去最高の PV 数」のようなメッセージを伴うものに変更することにした。

8

問 8-3 の解答：4

1. BI ツールの活用は時には有効な手段です。しかし、デジタルマーケティングに詳しくない上司への提案としては適切でしょうか？　確かにレポートを 1 枚だけ見ればよくなりますが、指標やそこからの方針がより理解できるようになるという期待はしにくいです。

2. エグゼクティブサマリーを消してしまうと、レポートをすべて読まないと概要が理解できなくなります。また用語説明を消してしまうと、詳しくない上司はますます理解できなくなるでしょう。むしろこの 2 つは残す必要があり、これ以外で不要なレポートを整理することが必要だと考えられます。

3. 1 つのディメンションに対して多くの指標があると理解に時間がかかるだけではなく、用語がわからなければますます意味がわからなくなります。指標の説明を入れる、メッセージで解説するなど他の方法を考えましょう。

4. 各ページのタイトルにメッセージがあれば、それだけ読むことで全体が理解できるようになります。タイトルを毎回固定するのではなく、都度伝えたいことを目立つように書くというのは有効な方法です。

よって、正解は **4.** です。

索引

●執筆スタッフ
監修　　　　　　馬場 建至
編集・問題作成　宮本 裕志　小坂 淳

●制作スタッフ
編集　　　　　　株式会社トップスタジオ
　　　　　　　　瀧坂 亮
DTP　　　　　　株式会社トップスタジオ
表紙デザイン　　石川 清香（Isshiki）
副編集長　　　　片元 諭
編集長　　　　　玉巻 秀雄

■商品に関する問い合わせ先

このたびは弊社商品をご購入いただきありがとうございます。本書の内容などに関するお問い
合わせは、下記のURLまたは二次元バーコードにある問い合わせフォームからお送りください。

https://book.impress.co.jp/info/

上記フォームがご利用いただけない場合のメールでの問い合わせ先
info@impress.co.jp

※お問い合わせの際は、書名、ISBN、お名前、お電話番号、メールアドレス に加えて、「該当する
ページ」と「具体的なご質問内容」「お使いの動作環境」を必ずご明記ください。なお、本書の範囲
を超えるご質問にはお答えできないのでご了承ください。

● 電話やFAX でのご質問には対応しておりません。また、封書でのお問い合わせは回答までに日数をい
ただく場合があります。あらかじめご了承ください。
● インプレスブックスの本書情報ページ https://book.impress.co.jp/books/1123101069 では、本書
のサポート情報や正誤表・訂正情報などを提供しています。あわせてご確認ください。
● 本書の奥付に記載されている初版発行日から1年が経過した場合、もしくは本書で紹介している製品や
サービスについて提供会社によるサポートが終了した場合はご質問にお答えできない場合があります。

■落丁・乱丁本などの問い合わせ先
FAX　03-6837-5023
service@impress.co.jp
※古書店で購入された商品はお取り替えできません。

2024年版 ウェブ解析士認定試験 公式問題集

2024年1月21日　初版発行

著　者　ウェブ解析士協会カリキュラム委員会

発行人　高橋 隆志

発行所　株式会社インプレス
　　　　〒101-0051　東京都千代田区神田神保町一丁目105番地
　　　　ホームページ　https://book.impress.co.jp/

印刷所　日経印刷株式会社

ISBN978-4-295-01835-3　C3055

Printed in Japan